JN095187

第2版

法律から見た農業支援の実務

髙橋　宏治 編著

池田　　功　亀田　泰志
荻原　英美　齊藤　総幸
荻原　庄司　沼田　龍之助
押久保 政彦
著

農地の確保・利用から、農地所有適格法人設立、6次産業化支援まで

日本加除出版株式会社

第２版　はじめに

本書は、農業支援を法律、労務、税務、経営など多方面からの視点で捉え、農業支援を行おうとする専門家が、総合的なアドバイスをするための手引きとなることを主な目的としています。そのため、本書の記述は、農地法や農業経営基盤強化促進法だけでなく、多くの法律が関係しています。初版より10年の歳月が経とうとしていますが、この10年の間に多方面で大きな法改正がいくつかありました。今回の改訂によりそれらの法改正に対応いたしました。

超高齢社会に突入している我が国において、農業は高齢化が進んでいる筆頭の産業です。初版のはしがきで「農地集約」「法人化」というキーワードを出しました。高齢化に対する一つの対策として若手経営者が経営する農業法人を立ち上げ、その法人に農地を集積、集約するということが行われてきました。これまでに一定の成果は、出ていますが、まだまだ高齢化のスピードに追い付いていない状況が現実です。高齢化、人手不足の対策として、農業においては、今後も更に加速度的に法人化を進めていく必要があるのではないでしょうか。

近年では、農業を行っていた者の法人化だけではなく農業外の個人や法人の農業参入を積極的に受け入れる政策も取られています。専門家の間で日頃より親しくしている関与先が農業に進出したので農業について知りたいという話もよく聞くようになってきました。農業支援の手掛かりとしても本書を手に取っていただければ幸いです。

初版出版当時は、農業者、農業法人の相談先は、JAということが多かったのですが、近年は、販売先の多様化によりJAに農作物を出荷しない者もかなり増え、直接各士業など専門家に相談する農業者もかなり増えたように感じています。相談内容も単なる法人成りといった比較的シンプルな相談だけでなく、農事組合法人の合併についての相談や数人の志ある者が農業を成長産業としてとらえ農業に進出をしたいがどうやったらいいかなどの複雑な相談が増えています。農業支援の分野では、JAや行政などこれまで農業支援をしていた組織との連携も含め、ますます専門家の活躍の場は広がっています。

農業は、他産業に比べ高齢化が進んでいるというマイナスの面もありますが、海外への輸出という面では、これから有望な産業の一つです。また、いわゆる６次産業化といわれる農業者の他産業への進出や他産業との協力もまだまだ発展途上という段階です。我が国の農業は、支援する専門家が増えれば更に大きく発展していく産業だと思います。本書をきっかけに農業支援に取り組む専門家が一人でも多くなることを願っております。

令和６年５月

執筆者代表

司法書士　髙　橋　宏　治

はじめに

現在、農業は大変換期を迎えています。良い悪いは別として、これまでの農業は関税や補助金といった手段を使って国に手厚く保護され、現在の状態を保ってきました。グローバル化の進展とともに、もはや農業だけを特別扱いにすることはできず、農業も国際競争力を持った国内のその他の産業と同様の扱いをされなければならなくなってきています。現政権は、そのような国際環境を逆手に取り、農業を成長産業とすべくいろいろな政策を打ち出しています。具体的には、「農地集約」「法人化」「６次産業化」「輸出」というキーワードなどを挙げることができるでしょうか。身近な政策でいうと「農協改革」といった言葉が分かりやすいかもしれません。

そのような大変換期にあって、意欲のある若手農業者はこれまでの補助金頼みの経営を脱し、経済的に自立しようと努力をしています。また、農業に興味のある外部の経営者は、今後の成長を見越して積極的に農業進出をしています。農業支援業務をしていると、日々その大きな動きを実感することができます。

これまで農業者は何か問題や相談があると農協に行っていました。しかし、高度な農業経営を目指す担い手たちはそれだけでは問題解決をすることができず、より専門的な支援を求めています。本書の目的は、そのような農業者に対する専門的な支援を行うにあたっての入門書となることにあります。前述のとおり、農業には多くの補助金や保護施策がなされているため、他から見ると産業として非常に分かりづらくなっています。その全てを本書で解説することはできませんが、士業が農業支援を行うにあたっての必要最低限の情報は網羅しております。そのうえで、今後農業が目指す「６次産業化」や「輸出」についてもあえて触れ、長期展望に立った支援ができるような構成としました。現在の農業の姿ではなく、５年後10年後の競争力のある産業となった農業を想定できるような記述も加えてあります。

私は、司法書士・行政書士業を主な業務としていますので、以下の記述で、若干、司法書士・行政書士寄りの文章になってしまうことをお許しください。

これまで司法書士・行政書士事務所に持ち込まれる案件は、農地を農地以外に使いたいという目的のものが多かったのではないでしょうか。いわゆる「農地転用」「開発行為」の案件です。しかし今後は、そのような案件であっても、目的が「農地に直売所を建てる」、「農産物加工所を建てる」など、積極的な農業の振興を促進することを目的とする案件が増えると思われます。

今後、TPP 等の影響を受けて、農業環境は激変が予想されます。その中で、農地の集約化、農業者の法人化は、ますます進んでいくことでしょう。私たち士業が積極的に農業に関わっていくことは、これからの日本農業の発展に寄与すると同時に、自らの業務範囲の拡大につながります。本書の中では、中小企業診断士、行政書士、司法書士、税理士、社会保険労務士、弁理士が、どのような場面で農業支援ができるかを、実体験をもとに記述しております。各士業の方々の業務展開の指針になることを目指しました。とりわけ、司法書士・行政書士は、土地（農地）に関するエキスパートとして農業と切っても切り離せない業務を行っています。農業の様々な場面での支援が可能だと思われます。

また、更に司法書士にとっては、このような経営支援業務は、近年開拓を進めている業務範囲である司法書士法施行規則第 31 条に規定された「他人の事業の経営、他人の財産の管理若しくは処分を行う業務又はこれらの業務を行う者を代理し、若しくは補助する業務」に類する業務となるのではないでしょうか。

もちろん、農業経営を支援し、農業者の方に豊かになっていただくのが目的ですので、経営の総合的な支援が必要となり、単独の士業が行うだけでは困難なことも予想されます。本書を手に取られた方は、ぜひ、他士業と連携を組み、農業を成長産業にするべく農業支援の業務に取り組んでいただければと思います。

本書の執筆に際しては、栃木県の竹田知史司法書士に全般にわたりご協力を賜りました。また、一般社団法人全国農業関係行政書士コンサルタント協議会の会長　田中康晃行政書士、新潟県司法書士会所属の川嵜一夫司法書士、八田賢司司法書士には、常日頃ご指導をいただいており、本書の執筆にあたってもご意見を参考にさせていただきました。そして最後になりましたが、慣れない執筆陣に対し我慢強く対応にあたっていただいた日本加除出版株式会社の盛田大祐課長には、お礼の言葉も見当たらないくらい深く深く感謝をしております。

平成26年10月

執筆者代表

司法書士　髙　橋　宏　治

編著者

髙橋　宏治（司法書士・行政書士、栃木県6次産業化アドバイザー、日本農業法学会会員）

k-takahashi@yousyoshi.jp

執筆者（50音順）

池田　功（社会保険労務士法人 FOLLOM　社会保険労務士）

荻原　英美（税理士法人 TOC 英和　税理士）

荻原　圧司（税理士法人 TOC 英和）

押久保　政彦（押久保政彦国際商標特許事務所　弁理士）

亀田　泰志（株式会社わくわくお米本舗取締役　中小企業診断士）

齊藤　総幸（一般社団法人全国農業改良普及支援協会普及参事兼情報部長）

沼田　龍之助（沼田行政書士法務事務所　行政書士、JGAP 指導員）

目　次

第１章　経営計画策定の支援

「農業」は多様です。稲作と施設園芸（ビニールハウスを使う野菜栽培などです）ではその経営形態や経営管理ポイントが全く異なります。違う産業と言っても過言ではないでしょう。

そうした中、ひとくくりに「農業」が論じられることがありますが、それは卸売や小売、サービス業など多様な業種業態のある「商業」をまとめて語るのと同じであり、農業の多様性を無視しています。農業支援を行う際には、「農業」に共通する特性や課題を把握した上で、「農業」の多様性を認識することが重要です。これらの特徴を理解することが、士業による農業支援の第一歩になります。

1.「農業」の多様性と変化

(1)　農業を取り巻く環境の変化

国内においては高齢化とそれに伴う耕作放棄地の増加、担い手や労働者不足などの問題が山積みです。また、ウクライナ戦争、世界的なインフレなどの影響で農業資材や重油が高騰しているにもかかわらず、販売単価が上がらず、収益性がさらに低下しているなど多くの課題に直面しています。その反面、今までとは違う新しい農業にチャレンジをし、成果を出している生産者が増えているのも事実です。

ア．農業政策の変化

農業においても環境への配慮が求められています。具体的には令和４年４月にみどりの食糧システム法が施行されました。この法律は環境と調和のとれた食料システムの確立に関する基本理念等を定めるとともに、農林漁業に由来する環境への負荷低減を図るために行う事業活動等に関する計画の認定制度を設け、農林漁業及び食品産業の持続的な発展、環境への負荷の少ない健全な経済の発展等を図るものとなっています。

イ．気象環境の変化

近年、毎年のように異常気象があり、農業に大きな影響を与えています。夏の高温によるコメの収量・品質の低下、冬の低温による生育障害、積雪による農業施設へのダメージなどが例に挙げられます。ここまで異常気象が続くと、もはや異常ではなく「正常」であり、こうした気象条件を前提としたリスク管理を行い、BCP 計画を策定する必要があります。

ウ．消費者の変化

「モノ」から「コト」へ。消費者の求めるものが商品そのものではなく、その商品に込められた思い、開発に至る背景など、目に見えない商品の「付加価値」を求めるようになっています。

最近ではSNSの普及に伴い、こうした農業者の思いや日常の農作業風景なども情報発信しやすくなっています。これからは「誰が作った農作物であるか」が重要となってくるのかもしれません。

エ．技術の進歩

農業分野でも最先端技術の活用が進んでおり、衛星からの土壌データを活用した施肥の効率化や、ドローンを使った農薬散布などが実際に行われています。また、農業機械の自動化も進んでおり、自動運転のトラクターなども少しずつ普及し始めています。

⑵　多様化する農業経営

農業の置かれる環境の変化に対応し、農業経営は多様化しています。以前は、ほとんどの生産者は「生産」に特化し、収穫した農作物はJAを通して市場に販売していました。これは、生産者は安心して生産に取り組み、販売はJAが行うという、戦後の食糧難や高度経済成長の時代にあっては「農業の理想の形」であったかもしれません。

今では、生産した野菜を市場に流さず独自に販売する農業者や、自ら加工所を建て、栽培した農作物を加工品にして販売したり、体験型のイベントを経営に取り入れたりする農業者も多くなってきています。

農作物の販路も多様化し、マルシェや道の駅、スーパーなどの地元野菜コーナーだけでなく、直売サイトやふるさと納税など全国の消費者に直接販売する手段が増えてきました。また、全国の優れた食品を取り扱う食のセレクトショップが増えるなど、今までとは違う多様な販路を選択できるようになってきています。

⑶　農業者に求められる資質

これからの農業者に求められる資質はどのようなものでしょうか。農業者は「生産」に集中し、価格設定や販売は市場とJAに任せるという昔ながらの農業においては、農業者に求められる資質は質の高い農作物を安定して栽培する「生産力」だけでした。しかし、これからの時代は、「生産力」だけでなく、自らの商品を魅力的に見せる「情報発信力」、営業して有利に販売する「販売力」が必要になります。そしてそれを仕組化し、持続可能なものにする「企画力」「経営力」も重要となってきます。

当然このような能力を全て持った人はなかなかいません。そのために必要な能力を持った人を雇用する、もしくはそうした人に外注することで必要な能力を獲得すれば良いのです。そうした意味では一番重要な資質は「コミュニケーション力」かもしれません。

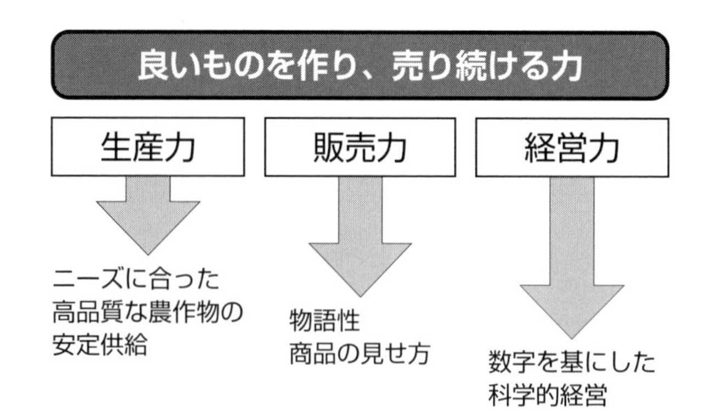

2．経営計画の策定

(1) 経営計画策定の必要性

上記1では農業を取り巻く環境の変化を見てきました。こうした変化に対応し、収益性が高く、持続性のある農業を実現するためには、農業者は農業経営者となる必要があります。勘や経験だけに依存した農業には限界があります。もちろん、農業経営者は勘や経験を経営に活かさねばなりません。これは長年にわたり培ってきたノウハウです。しかし、前記の環境変化へ対応していくためには、このノウハウに合わせて、数字をベースに経営の現状を把握し、そこから未来志向型の経営計画を策定していく必要があります。

これからの農業の方向性は、生産に特化し、高品質の農作物を安定的に生産する、独自に販路を開拓する、商品開発を行う、農業に関する役務やサービスを開発する、など様々考えられますが、どのような農業を目指すにしても経営計画をベースにした経営を行う必要があるのです。

(2) 経営計画策定の流れ

経営計画策定の流れは一般企業が行うものと同じです。様々な経営計画の策定方法がありますが、基本的には次のような流れになります。

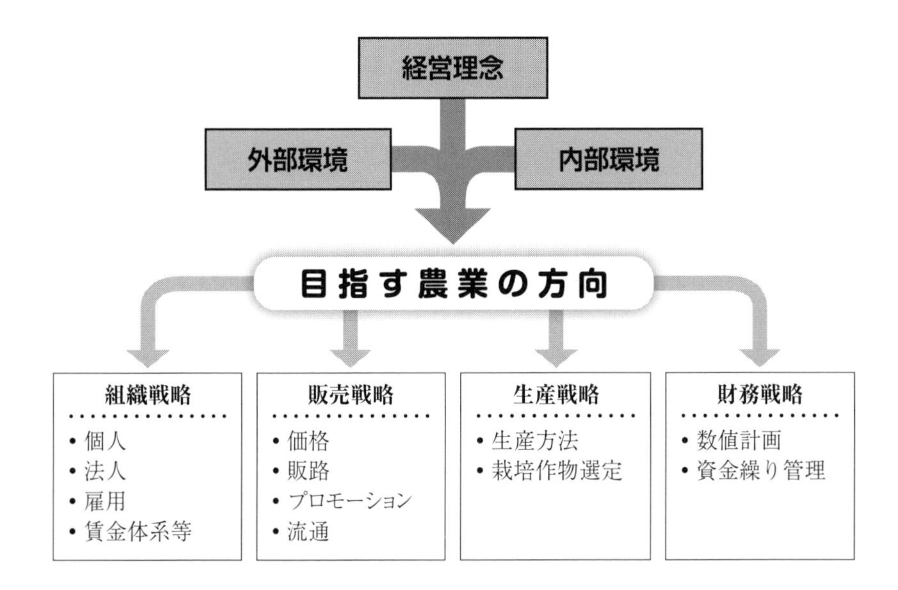

農業経営計画を策定する際には、農業の特徴を捉えた上で行う必要があります。その特徴は、次のとおりとなります。

- 同じ農業でも作付する作物、栽培する方法により、経営のポイントが大きく異なる。
- 播種（種まき）から収穫まで時間がかかるので、資金繰り計画が重要となる。
- 農作物の販売単価が低い。
- 限られた経営資源の中で最大の利益を確保できる適正規模が重要となる。
- 事業として収益を上げなくてはならない一方で、食の安全や環境や自然の保全、食文化の継承といった非営利な一面も持つ。どちらかに偏りすぎてもうまくいかない。
- 新規就農の場合、生産技術が身に付き、生産が安定するまでに５年程度かかる場合が多い。

3．経営計画の中身

(1) 営農理念の検討

営農計画のスタートは、まず、なぜ農業を志すのか、なぜ農業に進出するのか、といった「理念」や「志」を検討することです。企業の場合には経営理念（企業理念）です。

営農理念を策定するということは、経営者の頭の中にある農業や地域への思い、夢、志、価値観、人生観を形にし、人に伝えることです。

これからも農業は情報発信力が重要であることはすでに述べてきました。そのためにも情報発信のコアになる営農理念が必要となってきます。

(2) 外部環境と内部環境分析

営農計画の実現を目指し、どのような農業経営を行っていくかを検討するために外部、及び内部環境分析（SWOT 分析）を行います。

経営とは環境変化に対応することであり、世の中の動きに合わせ、自分の強みを活かした方向性を導き出さねばなりません。まさに敵を知り、己を知れば百戦危うからずです。

農業の外部環境には、国の農業政策が大きく影響を与えます。また、農業や食に関する事件などによる消費者のマインドの変化も重要です。

外部分析例

	O　機会	T　脅威
業界動向（農業）	• 農家の衰退、高齢化 • 中古農機、農業資材取引の増加 • 担い手不足 • グリーンツーリズムへの関心 • 農業への関心高まる • 食品偽装事件の多発	• 原発による風評被害 • 日本人の米離れ • 耕作放棄地増加による獣害増加
法律	• ６次産業化法案 • 農業制度融資の充実 • 減反政策の転換	• 農地法の緩和による企業の農業参入増加 • 減反政策の転換
社会的変化	• 世界的な人口爆発 • TPP • 食の安全への意識の高まり • 田舎、自然の見直し • モノからコトへ	• 骨材、石油の価格上昇 • TPP • デフレ、低価格志向

内部環境分析では、経営資源を切り口に、強みと弱みの分析を行います。どのような事業を行うにも人・モノ・カネ・技術といった経営資源が必要ですが、新規就農の場合、そのほとんどを持っていないことが多くなります。それをいかにして揃えていくかも計画の柱の一つになります。

内部分析例

	S 強み	W 弱み（課題）
人	• 兼業農家出身の社員の存在 • 重機操作に慣れた社員が多い • 県の農業機関とのネットワーク • 企業経営者としての経験 • 会社員時代のノウハウ	• 農業関係のネットワークがない
モノ	• 建設重機を保有 • 空き倉庫を保有	• 農地、農器具などがない
カネ	• 十分な資金を確保している • 他事業からのキャッシュフロー	• 自己資金が少ない
情報 技術	• 製造業のノウハウ • 会社のIT化が進んでいる	• 農業技術がない

(3) 農地の選定について

農地は、農業を行う上で、最も大切な経営資源です。新規就農の場合には特に営農を行う地域、借り受ける農地の選定は慎重に行う必要があります。営農を開始すると簡単には営農場所を変更できないからです。また、営農初期の農地を借りにくい段階では、条件の悪い農地を多く借りてしまう傾向にあります。一度借りた農地は返しにくく、経営効率を悪化させます。

そこで次のようなポイントを考えて賃借する農地を選択するべきでしょう。

ア．地域の田畑の割合と面積

極端にその割合が偏っている場合もある。畑作を拡大したくても畑が少ない、逆に稲作を拡大したいのに田が少ないこともある。目指す作型に合わせた営農地域選定が重要である。

イ．市街化区域、市街化調整区域の区分

市街化区域の圃場（ほじょう）は、住宅地に転用しやすく、手塩にかけて

圃場を耕しても、突然地主から賃貸契約解除を言われる場合がある。もちろん、契約書で賃借期間を設定しているが、農村内で不要な争いを起こすのは将来的に望ましくない。

ウ．圃場整備の状況、圃場の大きさ、形

特に米麦中心の経営を目指す場合には、１枚の圃場の大きさ、形が重要である。また、水稲の場合、圃場が均平であるかの確認も必要である。長期間耕作していない圃場は高低差がある場合があり、そうした圃場での稲作は生産効率が著しく悪く、コストアップにつながる。

エ．水利組合、土地改良組合の有無

水利組合や土地改良組合の有無も重要である。目の前に川や水路がある場合でも水利組合があれば自由に使用することができない。

オ．地代、組合費の金額

水利組合や土地改良組合の有無を確認し、それぞれの金額を確認する。また、その組合費を地主、耕作者のどちらが支払うのかなど、事前に確認する。

カ．土質、水はけの良さ

圃場は基本的に水はけの良いところがよい。水はけの良さは晴れた日にはわからないこともある。可能であれば降雨後に圃場を確認するとよい。

キ．水源の種類（井戸、溜池、用水路）

作る作物によってその重要性は異なるが、水源の種類も重要である。露地や施設での野菜の栽培に関しては、井戸があると栽培時の水管理が容易になる。

ク．井戸の有無、井戸の出やすい地域であるか

水稲も野菜も水源の確保が重要であるが、特に水稲に関しては夏場の水管理が重要となるので、簡易に水の調整ができることが望ましい。溜池等の地域は、溜池からの距離や溜池の規模などから水の引きやすさを確認する。

⑷ 目指す農業の方向性

前述のように、農業にも作る作物や栽培方法などによって多種多様な農業があり、生産や経営の方式がそれぞれ異なります。経営計画策定者は、それを認識した上で、世の中の流れ、自分の強みからどのような農業を行いたいのか、行えるのかを検討していきます。

目指す農業を検討する際には多くのキーワードが存在します。「作付け作物」、「栽培方法」、「販売方法」、「栽培する作物の種類と量」、「露地と施設」、「個人と法人」、「雇用の有無」などです。

また、足りない経営資源（弱み）の補い方をあわせて検討します。

栽培作物	栽培方法	販路
種類と量	営農規模	露地と施設
経営形態	商品の定義	雇用の有無

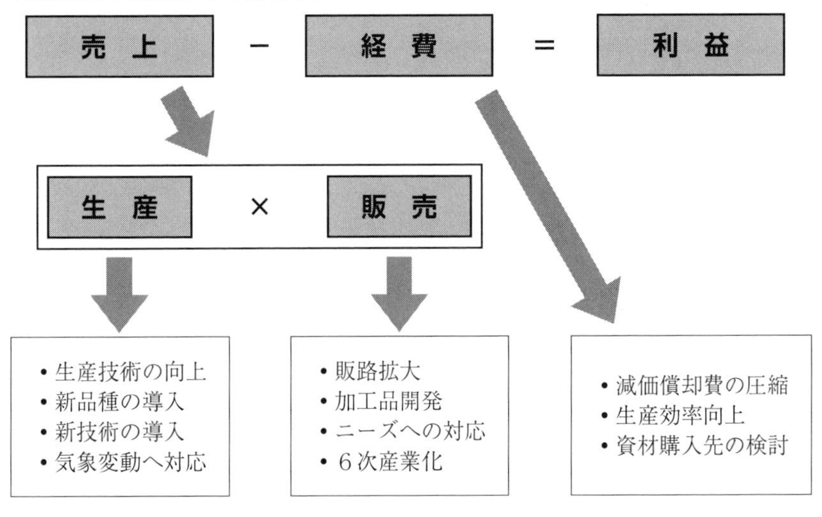

(5) 栽培作物の選定

具体的に栽培する作物を自分のやってみたい作物、自分の地域・農地に合った作物、栽培の難易度、年間を通した作業の平準化など様々な視点で多面的に検討します。そして選定した作物に必要な生産技術や収益を上げるための販売方法、プロモーションなどの事例を調査し、自分の計画書に落とし込んでいきます。

次に、作型を土地利用型（水稲、むぎ、大豆、そばなどの栽培）、施設栽培、露地栽培に分けて、特徴、収益性、経営のポイント、経営リスクを表にしました。

作型	特徴	収益性	経営のポイント	経営リスク
土地利用型	必要機械や設備への投資が多大	補助金等も含めた収益性の確保	適正規模の確保 減価償却費の圧縮	農業政策リスク
施設栽培	施設建設への投資が多大	付加価値の高い商品栽培が可能	販路の工夫 資材コスト圧縮	重油等のコストアップのリスク
露地栽培	初期投資を抑えられる	コストが低い分回転数で補う	収穫量の確保 大量販売先の確保	気象変動による栽培管理リスク

(6) 数値計画策定

栽培する作物ごとの数値計画策定を行います。まず選定した作物ごとの収支計画を直接費だけで検討し、合算した上で固定費の配分を検討します。作物ごとのモデル収支などは県など公的機関が保有していることが多いので参考にしてください。

しかし、公的機関の持つ作物の経営モデルは、法人経営を前提としていない場合が多く、「所得率」という人件費を加味しない数値となっています。種苗費や資材代などがかからず、一見「所得率」が良く見えるものでも収穫調整に時間がかかり、雇用をするとそれほど収益性が良くないケースもあります。十分な注意が必要です。

(7) 設備投資計画

数値計画と同時に設備投資計画も策定した方が経営計画の精度が上がります。特に土地利用型を中心とした設備投資が大きい分野では必須です。具体的には農器具店等と一緒に策定することもあります。設備投資計画は、経営計画に必要なだけでなく、農器具店と一緒に策定することで、必要な機械とその時期を共有でき、優良な中古機械を入手できる可能性があります。

次に、具体的な稲作での設備投資計画を例示します。

稲作6か年収支及び設備投資計画例

	単位	令和2年	令和3年	令和4年	令和5年	令和6年	令和7年	令和8年
水稲作付	町	4	5	6	7	8	9	10
総収量	俵	320	400	480	560	640	720	800
売上予想	万円	434	542.5	651	759.5	868	976.5	1,085
主食直販	万円	144	180	216	252	288	324	360
主食JA	万円	130	162.5	195	227.5	260	292.5	325
新規需要	万円	160	200	240	280	320	360	400
経費予想	万円	108.5	135.6	162.7	189.8	217	244.1	271.2
修繕費	万円	100	100	100	300	300	300	300
減価償却	万円	350	450	450	129	129	84	134
利益予想	万円	-124.5	-143.1	-61.7	140.7	222	348.4	379.8
既存返済	万円	150	150	150	150			
新規返済	万円			62	128	128	298	298
借入残	万円	760	940	878	1,600	1,472	1,174	1,126

トラクター①	34ps							
トラクター②	34ps	120						
トラクター③	45ps				250			
トラクター④	45ps							250
ハロー	210				100			
コンバイン①	2条							
コンバイン②	4条	140						
コンバイン③	4条				140			
乾燥機①	20石	50						
乾燥機②	24石		200					
乾燥機③	30石				300			
籾摺り	4inch		30					
籾運搬具			100					
低温貯蔵庫					60			
総投資額	万円	310	330	0	850	0	0	250

⑻　資金繰り計画

農業は収入と支出を１年間通して考えた場合、時期によって大きな波があります。土地利用型を中心とした営農形態はそれが顕著に表れます。土地利用型の営農が雇用を生みにくい理由の一つです。

月別に収入の見込みと資材、借入の返済月などから資金繰りを検討し、不足する月があれば、再度その時期に収入をあげられる作物を検討することも必要です。

４．具体的な経営計画立案時の注意点

⑴　米生産農家の経営

（単位：千円）

	農業			農業外				
面積	粗収益	経営費	所得	収入	支出	所得	年金	総所得
0.5 ha 未満	609	687	△ 78	1,792	33	1,759	2,152	3,833
0.5 ～ 1.0	1,247	1,176	71	2,028	224	1,804	2,314	4,189
1.0 ～ 2.0	2,491	1,919	572	2,167	223	1,944	2,282	4,799
2.0 ～ 3.0	3,980	2,935	1,045	2,496	182	2,314	1,879	5,235
3.0 ～ 5.0	6,621	4,112	2,509	2,114	29	2,085	1,182	5,776
5.0 ～ 7.0	10,287	6,545	3,742	1,632	85	1,547	1,233	6,598
7.0 ～ 10.0	14,345	9,006	5,339	1,960	938	1,022	924	7,300
10.0 ～ 15.0	19,620	12,652	6,968	1,186	197	989	904	8,861
15.0 ～ 20.0	26,679	17,060	9,619	1,354	156	1,198	676	11,484
20.0 ha 以上	38,833	24,366	14,467	1,689	232	1,457	547	16,453

出典：農業経営統計調査（https://www.maff.go.jp/j/tokei/index.html）

一般的に米は 10ha 以上の面積がないと儲からないといわれていますが、前記のデータからもそうしたことがうかがえます。基本的には面積が大きく

なることで規模の経済が働き、所得は増加します。しかし、規模の拡大とともに機械設備への投資額も大きくなるので、過大な設備投資による借入金の増加には注意が必要です。

また、経営規模が小さくなると、農外所得と年金収入が多くなる傾向があり、小規模農家は兼業農家で、高齢化が進んでいることを示しています。すべての規模の農家を平均すると稲作は儲からない作物となってしまうかもしれませんが、ある程度の規模の専業農家であれば生計を成り立たせることができると言えるのではないでしょうか。

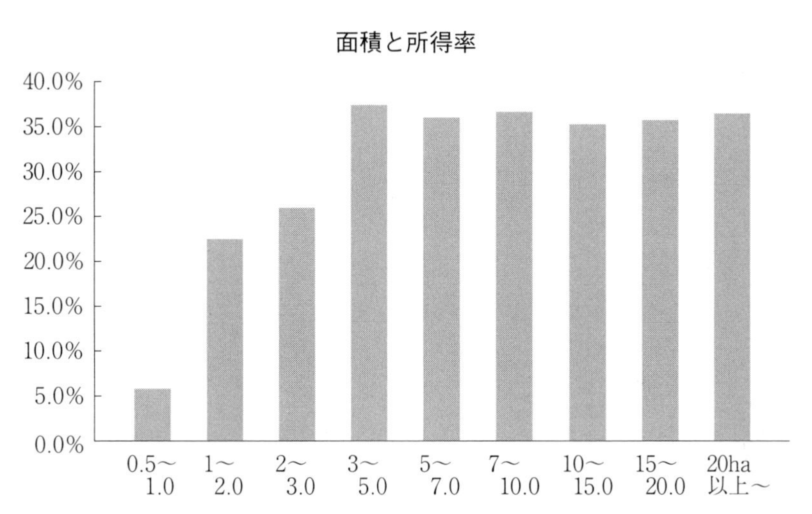

出典：農林業センサス（https://www.maff.go.jp/j/tokei/index.html）

前記のグラフから面積と所得率の関係を見ると、３ha を超えると所得率が上昇し、それ以降はそれほど増加しないことがわかります。こうしてみると、専業と兼業農家の分岐点、また、稲作の新規就農者がまず目指すべき規模が３ha であるといえるかもしれません。

(2) 野菜生産農家の経営

（単位：千円）

	農業			農業外				
野菜面積規模別	粗収益	経営費	所得	収入	支出	所得	年金	総所得
0.5ha 未満	4,278	2,693	1,585	1,674	414	1,260	1,607	4,490
0.5～1.0	7,110	4,326	2,784	3,210	1,059	2,151	1,503	6,429
1.0～2.0	10,168	6,149	4,019	1,871	509	1,362	893	6,302
2.0～3.0	14,940	8,967	5,973	740	73	667	809	7,449
3.0～5.0	19,741	11,742	7,999	755	132	623	905	9,531
5.0～7.0	24,435	16,467	7,968	489	2	487	779	9,234
7.0ha 以上	35,309	25,291	10,018	591	92	499	557	11,074

出典：農業経営統計調査（https://www.maff.go.jp/j/tokei/index.html）

野菜生産農家も米生産農家と同じく、規模が大きくなるほど所得が増える傾向があります。小規模農家が農外所得と年金が多いことも同じです。

米生産農家との大きな違いは、面積当たりの収益性の違いが挙げられます。同じ3ha～5haの農家を比べてみると、米生産農家の所得は、2,509千円、野菜生産農家の所得は、7,999千円と、約3倍の開きがあります。

次に野菜別の経営収支を見てみます。

野菜別経営収支

	農業			農業所得率	収益性		労働時間	面積
	粗収益	経営費	所得		反収	時給		
すべて露地	千円	千円	千円	%	千円	円	時間	a
きゅうり	2,523	1,062	1,461	57.9	885	843	1,778	16.5
大玉トマト	2,211	908	1,303	58.9	899	1,170	1,170	14.5
なす	1,118	518	600	53.7	750	681	898	8.0
ピーマン	993	561	432	43.5	568	801	540	7.6
すいか	5,264	2,899	2,365	44.9	359	1,764	1,530	65.8
キャベツ	3,487	1,996	1,491	42.8	162	1,573	1,029	92.1
ほうれん草	1,434	544	890	62.1	242	1,029	897	36.8
たまねぎ	3,234	2,471	763	23.6	72	576	1,545	106.2
レタス	6,072	3,184	2,888	47.6	231	1,652	2,045	125.0
はくさい	4,076	2,408	1,668	40.9	162	1,893	1,226	103.1
白ねぎ	2,925	1,610	1,315	45.0	278	880	1,617	47.3
だいこん	2,658	1,450	1,208	45.4	185	1,154	1,097	65.3
にんじん	2,851	1,833	1,018	35.7	128	974	1,225	79.6
さといも	990	589	401	40.5	147	521	794	27.2
にんにく	3,139	2,459	680	21.7	112	510	1,865	60.9
アスパラガス	1,136	789	347	30.5	131	319	1,095	26.4
ブロッコリー	2,824	1,421	1,403	49.7	201	1,765	873	69.8
かぼちゃ	1,361	1,003	358	26.3	57	411	923	62.7
スイートコーン	1,312	1,079	233	17.8	31	231	1,058	75.2
やまのいも	10,551	5,386	5,165	49.0	274	2,360	2,952	188.6

出典：農業経営統計調査（https://www.maff.go.jp/j/tokei/index.html）

作物によって売り上げに対する粗利益の割合である所得率に大きな差があるのがわかります。所得率が低い作物ほど平均面積が大きい傾向にあり、所得の低さを面積でカバーしていることがうかがえます。

最後に反収（１反当たりの収益）と労働時間の関係を見てみます。反収の高い作物は労働時間が長い傾向にあります。反収が多いということは、収穫量が多いことを意味しますので、それだけ収穫や袋詰めなど調整の時間がかかっていると思われます。そして、反収と時給の関係を見ると、次のグラフのように反収は時給に比例していると言えるでしょう。このように反収は栽培作物を検討する際には、大変に重要になります。

反収（千円／反）と時給（円／時）の分布

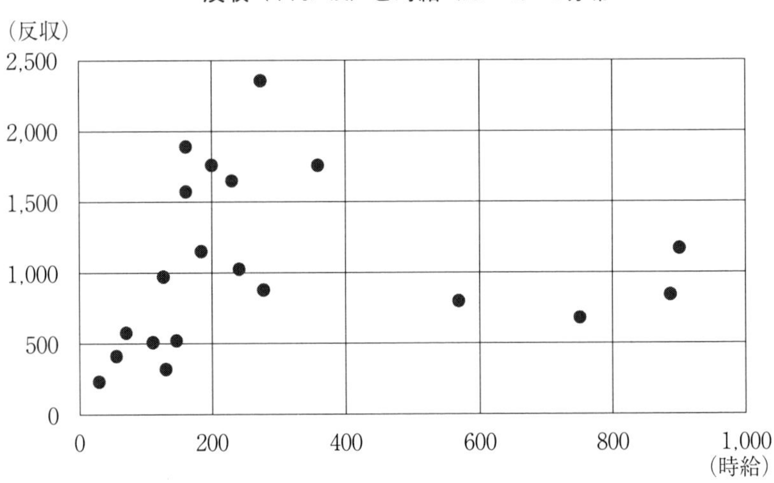

出典：農林業センサス（https://www.maff.go.jp/j/tokei/index.html）

所得や所得率だけでなく、反収の高さや労働時間、必要な所得額を生み出すのに必要な面積、設備投資の多寡などを考慮し、栽培作物を決める必要があります。

第２章　農地確保の支援

１．農地とは（農地の定義）

普段私たちが口にする「農地」とは、どのような土地を指すのでしょうか。登記事項証明書の地目欄に「宅地、山林、雑種地、田・畑……」と、土地の種類が書いてあります。農地とは、これを基準にすればいいような気がしますが、実はそうではありません。登記事項証明書に田・畑と書いてある土地に行くと、そこに立派な家が建っていたり、高さが５ｍもあるような竹林だったりすることもよくあります。このような土地を農地というのは無理があります。では、農地かどうかの判断はどのようにするのでしょうか。土地の現況を見て、その土地の存在する市町村の農業委員会が行うことになります。農業委員会には、耕作台帳とか農地基本台帳というものがあり、そこに登録されている土地が「農地」ということになります。そして、登録する土地は、登記記録上の地目が田・畑であることよりも、次の農地法上の定義に従った土地を農地として登録しています。

「農地」とは、耕作の目的に供される土地をいい、「採草放牧地」とは、農地以外の土地で、主として耕作又は養畜の事業のための採草又は家畜の放牧の目的に供されるものをいう（農地法２条１項）。

山の中に自然の栗の木があって、特に肥料もやらないまま、落ちてきた栗を収穫する土地は農地にあたりませんが、下草刈り（労費）や肥料を与える

等をして栗を収穫するような場合、その土地は農地ということになります。
また、「耕作の目的に供される」とは、現に作物を栽培している土地は、もちろん、現在は耕作されていなくても、耕作しようとすればいつでも耕作可能な土地も含まれるという解釈基準が農林水産省通知「農地法関係事務に係る処理基準について」により出されています。つまり、農地かどうかの判断は現況を見てなされますが、雑草が生い茂っていたとしても、草刈りをして耕起すれば耕作可能な土地は農地として扱われることになります。また、実務上「地目：山林」であっても、耕作台帳は「農地」という場合がありますから、耕作台帳の確認も欠かせません。
ところで、「耕作放棄地」という言葉もよく聞かれますが、これは「農地」なのでしょうか。耕作放棄地とは、その文言どおり、農地を所有する農家が耕作放棄している（耕作をしていない）農地という位置づけになります。しかしながら、耕作放棄地の定義については廃止されているため（「「農地法の運用について」の制定について」（平成26年3月31日付け25経営第3962号））、耕作されていない農地については、次の３通りに分類されています（「「農地法の運用についての制定」について」（令和６年３月28日付け５経営第3123号・５農振第3229号））。

(1)　再生利用が困難な農地
(2)　１号遊休農地
(3)　２号遊休農地

「再生利用が困難な農地」とは、既に森林の様相を呈している場合や周囲の状況（集配水路がないなど）からみてその土地を農地として復元しても継続して利用することができない農地のことを指します。荒廃農地と表現することもあります。
一方、遊休農地は、「現に耕作の目的に供されておらず」とは、過去１年以上作物の栽培が行われていない農地であり、その程度によって32条１項で１号、２号に分別されます。

１号遊休農地は、「現に耕作の目的に供されておらず、かつ、引き続き耕作の目的に供されないと見込まれる農地」と定義されています。低木・雑草等で農地が覆われていて、草刈り等では直ちに耕作することはできないが基盤整備事業の実施など農業的利用を図るための条件整備が必要となる農地で、具体的には人力や農業機械等で、耕起・抜根・整地などしてどうにか整備すれば耕作可能になると判断された農地を指します。

２号遊休農地は、「その農業上の利用の程度がその周辺の地域における農地の利用の程度に比し著しく劣っていると認められる農地」と定義され、１年以上耕作されず、雑草等に覆われているが、１号農地ほど酷い状態ではない農地を指します。

荒廃農地についてもＡ分類、Ｂ分類があり、１号遊休農地とＡ分類の耕作放棄地が同義とされていますので、「再生利用が困難な農地」はＢ分類の荒廃農地ということになります。

なお、これらの分類の判断は、各市町村の農業委員会が耕作者の意見を聞き取って、判断することになります。特に２号遊休農地については、耕作者が翌年度以降耕作する意思があるかどうかも判断基準になってきますので、現地の様相だけで遊休農地となるわけではないので注意が必要です。後述する「営農型太陽光発電事業」における許可期間について遊休農地に該当する場合は、10年以内の許可を取得できる可能性があることから、この基準を理解しておくことは実務上重要です。

なお上述した「再生利用が困難な農地」や「１号遊休農地」の一部は、登記簿上「農地」であっても現況により「農地」でない扱いになる可能性が高いといえます。実務上このような土地は、農地法第４条・第５条の許可申請・届出や非農地証明願いによって、農地以外の利用を目的とした土地に地目を変更していくことが容易なことが多いです。

農地法第４条・第５条の届け出という言葉が出てきましたが、ここで農地法の届け出、許可を簡単にまとめてみたいと思います。届け出と許可の違いは後述します。次の表のとおり、農地法第３条許可は、農地を農地のまま所有権移転・賃借権設定などをする場合に取る許可で、第４条許可（届け出）は所有者本人が農地を農地以外の目的に使用する場合で、第５条許可（届け出）は、所有者以外の第三者が、農地を農業以外の使用目的で取得する場合に必要となります。農地を農業以外の使用目的にするとは、具体的には、農地を資材置き場に利用するとか、太陽光発電施設を設置する、住宅を建築することなどを言います。

農地法第３条許可	農地を農地のまま所有権移転する場合など
農地法第４条届け出、許可	所有者が農地を転用する場合
農地法第５条届け出、許可	所有権を移転すると同時に農地の転用を行う場合など

２．農地の取得についての総論

農地法のそもそもの趣旨は、平たく言えば、「農地を守ろう」ということです。そのため、基本的には農業者以外の者が農地の所有権を取得すること、賃借すること等を厳しく制限しています。戦後の高度経済成長時代に多くの農地が失われました。そして、日本の食糧自給率は年々下がっています。食料生産の根本である農地を守るために、農業を継続して行う者にしか貸さない、売らないというのが農地法です。

具体的には、新規就農者は個人であろうと法人であろうと農地を取得したり賃借（使用貸借も含む）するためには、その農地所在地の市町村の農業委員会（農業委員会を構成する農業委員は選出方法は自治体で異なりますが、概ね農家の方々が選挙や推薦で選任される非常勤の公務員です。最近は有識者ということで農家以外の人も選任されています。）の許可が必要になります。自治体によっても異なりますが、概ね月に１回、総会という会議が開かれ、そこで許可の諾否を決定します。しかし、そうは言っても、農業委員は法律の実務に詳しいわけではないので、実務的には、各市町村の職員が「農業委員会事務局」と称して庁舎に常駐しており、この事務局と折衝をすることになります。

では、新規就農者が農地を取得するためには、どのような要件をクリアする必要があるのでしょうか。

農地法第３条によれば、次の(1)から(3)の条件を新規就農者に求めています。

(1)　取得する耕作地を全部利用すること
(2)　耕作に常時従事すること
(3)　地域と調和して農業を行うこと　（農地法３条２項）

令和５年の農地法改正により、必要最低限50a以上の農地の取得をする、という規定は撤廃されました。農業への新規参入の妨げになっていたこの規定の撤廃は、歓迎するものではありますが、一方で経営基盤の弱い小規模農家の増加を招く懸念もあることから、許可権を持つ自治体では慎重な判断を求められるようになったともいえます。

しかし、(1)の要件にあるように、取得した農地は全部利用しなければならず、実務上は取得農地をすべて利用するのに十分な営農計画を策定する必要があります。この営農計画書に現実性があるかどうかで許可審査がスムーズにいくかどうかが変わってきます。

なお、新規就農ではないですが、既存の農業者がさらに農地を取得する場合、農地を全部耕作していないという要件に該当するとして是正を求められることがあります。取得する側の農家が、農地上に違法建築物（といっても納屋ですが）を建ててあった場合、「農地を全部利用している」とは言えないので３条の許可は不許可となります。農業者とすれば、自分の土地に農業を行う上で必要な納屋を建てて何が悪いという理屈で、納屋程度の建築物が建てられているケースはよくあります。このような場合、実務上取り壊せというのもなかなか難しいようで、「是正勧告」という形で決着がつくことも多いようです。

ちなみに、貸す側に違法転用があったとしても、本来は、農地法第３条申請の不許可事由とはなりません。しかし現実には、貸す側の違反転用の是正を条件に許可を出すような事例もあるようです。残念ながら現状では、法令に基づき厳格に判断がなされているという状況ではないようです。

次に⑵については、農業の継続性を確保する条項だと言えます。新規就農者に対して年間150日（１日あたり８時間換算）の農業に従事することを課しています。個人の新規就農者が、現在の仕事を継続しながら徐々に農業参入を考えているようなケースでは、十分に留意しなければなりません。

農業というものは、地域社会との連携が欠かせません。新規参入をする者が、稲作の盛んな水田の多い地域で、トマトを栽培したいといっても認められないことがあります。なぜなら農地利用を分断するような作付けは、効率的な農地利用に反する恐れがあるからです。同じように無農薬栽培をしたいと思っても、その地域で共同防除を行っていれば、自分の畑だけ農薬を散布しないわけにはいきません。その畑から、近隣農地に対して雑草や害虫が入ることがあるからです。また、水路掃除やあぜ道の草刈りなども、協力してやっていかなければなりません。さらに、農地の賃料についても、その地域である程度統一することが求められます。極端に高い賃料や、安い賃料は地域の不和を生むからという理由です。これらの事柄について地域との調和を求めるのが⑶の条項です。実務的には、「営農計画書」で作付けする作物を明示し、「誓約書」「確約書」を提出して、地域のルールを厳守することを約束していくなどの対応になることが多いです。

農地を農地として貸したり借りたりするには、農業委員会の許可が必要という認識のない依頼人もかなりいます。農地所有者と口頭の約束のみで農地を賃借してしまうことも多く見受けられます。農地が耕作放棄や違法転用の状態になく、その季節の作物が栽培されていれば、農業委員会としても耕作者のチェックまではやりようがないというのが現実です。口約束の賃借は農地に限らず、後々の紛争に発展する可能性がありますので、農業委員会のあり方や農地法における規制の是非はともかく、現状の法律を遵守していただくように依頼者、相談者に対応していくことがよいでしょう。

3．農地法第3条許可申請について

農地を農地法第３条の許可によって行う所有権取得は、農地を賃借するよりもはるかにハードルが高くなっています。地域性もありますが、原則としては実績のない新規就農者（法人も含めて）が、農業開始当初から農地を購入することは難しいと考えた方が良さそうです。

農地法第３条によれば、農地の売買も「農業委員会の許可」のもとに認められることになっていますが、その許可基準は、各市町村の農業委員会の裁量に大きく委ねられています。農業の継続が認められない者には、許可をしないというのが大前提です。新規就農者は、その能力が未知数なので、大方の農業委員会では、少なくとも売買の許可はせず、しばらくの間、賃貸借での営農状況を確認してから売買の許可をするというスタンスが多いように思われます。この「しばらくの期間」も裁量に任されており明確な基準はありません。

ところが、農業者間の売買は、不思議なほどスムーズに許可がおります。一応買い手側が、農地まで通うのが困難ではないか、耕作に必要な農業機械を有しているかなどの審査をしますが、営農計画書までは求めません。もちろん、農地法第３条許可申請書の中に、簡単に何を作付けするか、機械はどのようなものを所有しているかを記載する欄はありますが、あくまで自己申告です。相続による移転も第３条許可がいりません。農業を営むことの継続性を担保するような施策は必要ですが、積極的に農業に参入したいというものを拒むような状況は大いに問題があります。しかし近年は、面積要件を廃止するなど、一定の改善は進んでいるようです。

実務的には、新規就農者には最初から農地所有権を取得する困難さを伝え、まずは形式上、農地所有者の雇用農業者という形で農地を賃借して実績を積むようにアドバイスしていくことになります。あくまで実務上の扱いですが、農地を農地として使用している限り農地法の趣旨が守られているため、農業委員会の方でもある程度は問題としません。登記の有無は別として、第３条許可を得ていない以上、農業台帳にも実際の耕作者が記載されていないので、望ましい状態ではないとも思われますが、農業委員会としても、その者の農業継続性の意思を確認できるので望むところかも知れません。そして、農業者としての実績が認められた頃、次の４つの要件を十分に満たした後で、農地法第３条の許可申請をすることになります。

農地移転の要件

⑴　取得する耕作地を全部利用すること
⑵　耕作に常時従事すること
⑶　地域と調和して農業を行うこと
⑷　営農の実績が十分であること

しかし、地域によっても異なるかと思いますが、農地の賃料は極めて低額であるため、農地を買うよりも借りた方が、生産コストが下がる可能性があります。農地１反歩（10a）あたり、年額１万円未満で賃借できる地域も多いのです。

ただ賃借では、急に賃貸借契約等を解除されるリスクがあります。農地というのは、同じように見えて、日当たり、土質、土壌成分……一つとして同じところはないと言われています。作物にもよりますが、一般的に砂をある程度含んでいて団粒構造をもった土壌が良いとされています。多くの農地は先人たちが耕し、肥料、堆肥をいれ作物に適した「土」をつくっているわけです。新規就農者は「土つくり」から始めなければならないことも多いのですが、その「土つくり」がうまくいったところで、農地の賃借を解除された場合には、大損害となってしまいます。このような事態を考え、農業を継続して続けたいと考えるなら、農地を所有し安心して土つくりを行える環境も必要になってくると思います。農地を借りたまま営農するか、将来的に購入するかは、新規就農者の判断になりますが、いろいろな可能性を示してアドバイスする必要があると思います。

４．農地法第３条許可による賃借・使用貸借の手続

農地の賃借の概要は２で述べました。ここでは、具体的な第３条許可による賃借の手続について述べたいと思います。農地も土地には違いありませんから、農地を貸す側（賃貸人）と借りる側（賃借人）の合意のもと、賃貸借契約（または使用貸借契約）を結びます。当事者間では、この契約は有効ですが、効力発生要件として農地法第３条の許可を得なければなりません。

⑴　農地賃貸借契約書

農地の賃借契約書は、各市町村の農業委員会に雛形（様式〇号）なるものがあることも多いので、事前に確認してみてください。任意様式であると、慣例を理由に加筆、削除を求められる可能性もあります。一例ですが、契約書の賃借期間に「農地法第３条の許可申請日から５年間」と記載したところ、農業委員会から年月日を明記してほしいとの慣例に基づく指摘がありました。

⑵　農地法第３条の許可申請の手続実務

さて、契約書、農地の情報、譲渡人・譲受人の情報が揃ったら、農地法第３条の許可申請書に必要事項を記入していきます。概ね全国同一の書式のようですが、まれに自治体独自の書式があります。一般的な農地法第３条の許可申請書の内容としては、次のとおりです。

- 賃貸人（譲渡人）　住所　氏名
- 賃借人（譲受人）　同上

- 農地の地番、登記簿の地目、現況、地積
- 10a あたりの賃料
- 権利の種類
- 権利の設定・移転の別
- 権利移転の原因
- 権利の設定・移転の時期
- 権利の存続期間
- 作付けする作物
- 使用する機械の種類・数量
- 農地までの通作距離
- 世帯の中で、耕作する人間がいる場合は、氏名、続柄、農業経験の有無

賃貸人及び賃借人の氏名に関して自署を求められることもありますが、各農業委員会の裁量によります。押印は原則必要ですが、近年の押印廃止の流れにより、自治体によって取扱が異なってきています。実印＋印鑑証明書まで求められることはないと考えて良いのですが、確認は必要になります。添付書類については、各市町村によって若干異なります。概ね次に示すものを添付します。

添付書類（個人）

① 登記事項証明書（農地）
② 公図の写し
③ 位置図（自宅から農地までの通勤距離がわかるもの）
④ 賃貸借契約書
⑤ 営農計画書

⑥　委任状（代理人を立てるのであれば）

③の位置図は、住宅地図等で自宅と農地を直線で結び、おおよその距離を記載します。

④については、次のとおり「農地賃貸借契約書」の書式を示します。標準的な農地の賃貸借契約書だと思いますが、第２条の賃借期間と第３条の契約の解除について注意してください。農業特有の規約を盛り込んでいることがわかると思います。そのほかにも農地特有の文言が記載されていると思います。

契約書例

農地（採草放牧地）賃貸借契約書

賃貸人及び賃借人は、農地法の趣旨に則り、この契約書に定めるところにより賃貸借契約を締結する。この契約書は、２通作成して賃貸人及び賃借人がそれぞれ１通を所持し、その写し１通を○市農業委員会に提出する。

令和　　年　　月　　日

賃貸人（以下「甲」という。）　住所
　　　　　　　　　　　　　　　氏名
賃借人（以下「乙」という。）　住所
　　　　　　　　　　　　　　　氏名

第１条（賃貸借の目的物）
甲は、この契約書に定めるところにより、乙に対して、別表１に記載する土地その他の物件を賃貸する。

第２条（賃貸借の期間）

⑴　賃貸借の期間は、令和　　年　　月　　日から令和　　年　　月　　日まで５年間とする。

⑵　甲または乙が、賃貸借の期間の満了の１年前から６箇月前までの間に、相手方に対して更新しない旨の通知をしないときは、賃貸借の期間は、従前の期間と同一の期間で更新する。

第３条（契約の解除）

甲は、乙が目的物たる農地を適正に利用していないと認められる場合には賃貸借契約を解除するものとする。

第４条（借賃の額及び支払期日）

乙は、別表１に記載された土地その他の物件に対して、同表に記載された金額の借賃を同表に記載された期日までに甲の住所地において支払うものとする。

第５条（借賃の支払猶予）

災害その他やむを得ない事由のため、乙が支払期日までに借賃を支払うことができない場合には、甲は相当と認められる期日までその支払を猶予する。

第６条（転貸または譲渡）

乙は、本人またはその世帯員等が農地法第２条第２項に掲げる事由により借入地を耕作することができない場合に限って、一時転貸することができる。その他の事由により賃借物を転貸し、または賃借権を譲渡する場合には、甲の承諾を得なければならない。

第７条（修繕及び改良）

⑴　目的物の修繕及び改良が土地改良法に基づいて行なわれる場合には、同法に定めるところによる。

⑵　目的物の修繕は甲が行なう。ただし、緊急を要する場合その他甲において行なうことができない事由があるときは、乙が行なうこと

ができる。

⑶　目的物の改良は乙が行なうことができる。

⑷　修繕費または改良費の負担または償還は、別表２に定めたものを除き、民法及び土地改良法に従う。

第８条（経常費用）

⑴　目的物に対する租税は、甲が負担する。

⑵　かんがい排水、土地改良等に必要な経常経費は、原則として乙が負担する。

⑶　農業災害補償法に基づく共済金は、乙が負担する。

⑷　租税以外の公課等で⑵及び⑶以外のものの負担は、別表３に定めるもののほかは、その公課等の支払義務者が負担する。

⑸　その他目的物の通常の維持保存に要する経常費は、借主が負担する。

第９条（目的物の返還及び立毛補償）

⑴　賃貸借契約が終了したときは、乙は、その終了の日から30日以内に、甲に対して目的物を原状に復して返還する。乙が原状に復することができないときは、甲は乙に対し、甲が原状に復するために要する費用及び甲に与えた損失に相当する金額を支払う。ただし、天災地変等の不可抗力または通常の利用により損失が生じた場合及び修繕または改良により変更された場合は、この限りではない。

⑵　契約終了の際目的物の上に乙が甲の承諾を得て植栽した永年性作物がある場合には、甲は、乙の請求により、これを買い取る。

⑶　甲の責めに帰さない事由により賃貸借契約を終了させることとなった場合には、乙は、甲に対し賃借料の１年分に相当する金額を違約金として支払う。

第10条（この賃貸借契約に附随する権利または義務）

※　土地改良等の制約があれば付記します

第11条（契約の変更）
　契約事項を変更する場合には、その変更事項をこの契約書に明記しなければならない。
第12条（その他）
　その他この契約書に定めのない事項については、甲乙が協議して定める。
別表1　土地その他の物件の目録等
土地その他の物件の表示

　個人で農地を賃借する場合と比較して、農地所有適格法人が農地を借りる場合、添付書類は次のとおりとなります。個人の申請と比較して、農地所有適格法人の農地法の適正要件が満たされているかどうかを審査するため、添付書面が多くなっています。特に①は、農地法第3条許可の申請書が個人向けに作られているため、法人として農業に参入し、適切かつ継続的に営農ができるのかを審査する書類になります。

添付書類（法人）

①農地所有適格法人としての事業等の状況
②株主名簿（役員名簿を含む）の写し
③法人の登記事項証明書
④定款の写し
⑤申請農地の登記事項証明書（全部事項証明書）
⑥公図の写し
⑦権利取得予定農地が分かる位置図
⑧営農計画書
⑨賃貸借契約書

⑩委任状

①の「農地所有適格法人としての事業等の状況」については、次のとおりにその様式を示します。なお、この書類は、農地を賃借するか、買取りをした後、毎年提出することになります。農地所有適格法人の要件である農業収入が売上の過半数を超えているかがチェックされます。超えない場合は、農地法第３条第３項の法人という扱いになり、農地法第３条で農地を購入することができなくなりますので要注意です。農業収入として最近の通知で認められたものに営農型太陽光発電事業の売電収入があります。ただし、要件が厳しいので注意が必要です。端的に説明すると営農者＝発電事業者である場合や、農作物栽培高度化施設に電力を供給する場合などです。

(農地法第２条第３項第１号関係)

1　事業の種類

区　分	農　業		左記農業に該当しない事業の内容
	生産する農畜産物	関連事業等の内容	
現　在 (見込み)			
権利取得後 (予定)	水稲　90a 麦　　90a		

	農　業	左記農業に該当しない事業
３年前		
２年前		
１年前		
申請日に属する年	1,400,000円	
２年目(見込み)	3,000,000円	
３年目(見込み)	7,200,000円	

（農地法第２条第３項第２号関係）

２　構成員全ての状況

(1)　農業関係者（権利提供者、常時従事者、農作業委託者、農地保有合理化法人、地方公共団体、農協、投資円滑化法に基づく承認会社等）

<table>
<tr><th rowspan="3">氏名又は名称</th><th rowspan="3">議決権の数</th><th colspan="5">構成員が個人の場合は以下のいずれかの状況</th></tr>
<tr><th colspan="2">農地等の提供面積（㎡）</th><th colspan="2">農業への従事状況</th><th rowspan="2">農作業委託の内容</th></tr>
<tr><th>権利の種類</th><th>面積</th><th>直近実績</th><th>見込み</th></tr>
<tr><td>甲野太郎</td><td>50</td><td></td><td></td><td></td><td>150 日</td><td></td></tr>
<tr><td>乙野花子</td><td>10</td><td></td><td></td><td></td><td>150 日</td><td></td></tr>
<tr><td>以下余白</td><td></td><td></td><td></td><td></td><td></td><td></td></tr>
</table>

議決権の数	60
農業関係者の割合	100%

その法人が農業 (労務管理や市場開拓等も含みます) を行う期間：年 10 か月

(2)　関連事業者

氏名又は名称	議決権の数	取引関係の内容
余白		

議決権の数	0
関連事業者の議決権の割合	0%

（農地法第２条第３項第３号関係）

３　理事、取締役又は業務を執行する役員全ての状況

⑴　農業（労務管理や市場開拓等も含む）への従事状況

氏名	住所	役職	農業への従事状況			
					農作業への常時従事の有無	
			前年実績	見込み	前年実績	見込み
甲野太郎	栃木県 Ａ市Ｂ町１	代表取締役		150 日		60 日
乙野花子	栃木県 Ａ市Ｂ町２	取締役		150 日		60 日

		1月	2月	3月	4月	5月	6月	7月	8月	9月	10月	11月	12月
その行う耕作又は養畜に必要な農作業の期間		←	-	-	-	-	-	-	-	-	-	→	
その者が農作業に常時従事する期間	甲野太郎	←	-	-	-	-	-	-	-	-	→		
	乙野花子					←	-	→		←	-	→	

⑶　一般的な許可申請期間

農業というのは、作物によって播種の時期が決まっています。また、播種の前に耕起、元肥などの準備も必要です。農地法第３条の許可申請を農業委員会事務局に行って即日許可というわけにはいきませんので、それらの作業が始まる前までに、農地を合法的に使用できるようにしておかなければなりません。

市町村によって違いはありますが、申請書を受け付ける期日が決まっています。具体的なイメージがわくようにＡ市の例を挙げますと、毎月 10 日ま

でに申請書を提出します。まず、農業委員会事務局（市町村の職員）による書類審査があります。ここでは前述した面積の要件、農業機械の所有・賃貸、営農計画の簡単なチェックなど形式的なものが多いです。

その後、当月20日くらいまでに、現地調査があります。現地調査については、農地法第３条許可申請で特に問題がなさそうな場合であれば、申請代理人である行政書士などの立ち会いを求めない市町村が多いです。問題がある場合というのは、例えば、賃借予定の農地に残土が積んであるとか、砕石が敷いてあるなどのように、「本当に耕作できるか」疑わしい場合です。ちなみに農地法第４条・第５条の農地転用許可申請や非農地証明申請では、基本的に申請代理人も立ち会いが求められ、実務上、現地での農業委員への説明が求められます。

現地調査に基づいて、当月の25日ぐらいに農業委員会総会が開かれ許可について決定がなされます。総会では、よほどのことがなければ、法定された要件を満たしている限り申請は通過します。ただし、次項で述べるように、新規就農の場合は、意見が付くことがあります。

そして、その決定に基づいて許可書が窓口で交付されるのが、総会の５日後くらいになります。こうしてみると、最速でも30日程度の日数がかかります。これは、市町村に許可権限がある場合で、県の許可とか県の諮問を受けてからという市町村では、さらに日数がかかることがあります。ただ、第４条・第５条の許可と異なり、第３条許可は、ほとんどの市町村に許可権限があると考えていいでしょう。申請の代理を依頼された場合、この日程的なところは、真っ先に電話で確認しています。なお、令和３年８月10日の農水省から「３経営第1330号」によって、この処理期間を短くするように各市町村に通達されていますので、今後は、審査期間は短縮される方向になっていくと考えられます。

許可申請までの流れ

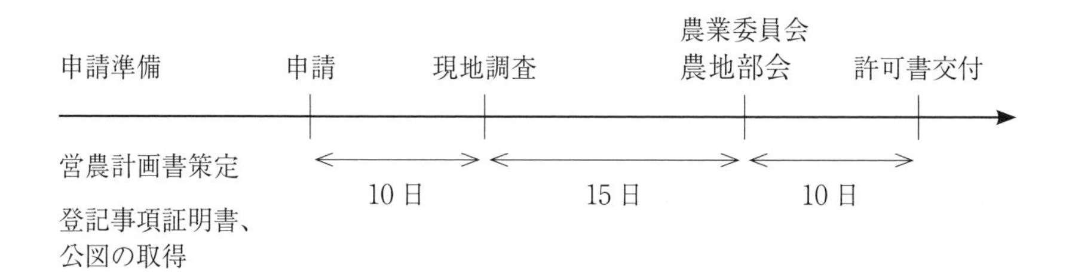

⑷　新規就農者の許可申請期間

新規就農の場合は、借り主が本当に農業をできるのかというところも審議されるので、現地調査のほかに申請人（新規就農者）と農業委員の面談が行われることも多々あります。市町村によって様々ですので、実務的には、農業委員会事務局への確認が必要です。

念入りに準備したとしても、農地法第３条の許可申請が、「否」となってしまうこともあります。すると、次回の農業委員会総会まで１か月以上待たされることになります。ですから、新規参入の場合、営農開始の３か月以上前には、申請できるように準備することをお勧めします。

申請が通らなかった場合、その理由を農業委員会事務局に聴取し、次回申請の可能性を探ります。このような場合、申請者の農業の継続性を担保する書類の提出、もしくは提出書類の修正を求められることが多いです。例えば、農業機械が賃貸であるならば、その賃借契約証書の提出を求められたり、営農計画書が不十分もしくは地域の実情に合致していないのであれば修正を求められます。ただし、事前の折衝の段階で農業委員会事務局との信頼関係が形成されている場合、当月の許可日までに必要書類を揃えるということで、許可の内諾を得られることもあります。１か月先の許可を待たなくてよいこともあるので、諦めずにやることが肝心かもしれません。

5．利用権設定（農業経営基盤強化促進法）による賃借

⑴ 農業経営基盤強化促進法に基づく利用権設定

前述した農地法第３条に基づいて農地を賃借することが、原則なのですが、実際には、「利用権設定」という方式で農地を借りている農家も少なくありません。

利用権設定とは、農業経営基盤強化促進法（以下「基盤強化法」という。）に基づく農地の賃借のことです。農地を農地法第３条の規定により農業委員会の許可に基づいて貸した場合、貸した農地が戻ってこないのではないかという不安もあり、規模拡大を希望する意欲のある農家が農地の集約ができないという問題がありました。

そこで、農業経営規模拡大、生産方式・経営管理の合理化などを進めている意欲のある農業経営者（認定農業者）を総合的に支援するために、平成５年に基盤強化法が制定されました。

基盤強化法とは、その目的として「農業経営の改善を計画的に進めようとする農業者に対する農用地の利用の集積、これらの農業者の経営管理の合理化その他の農業経営基盤の強化を促進するための措置を総合的に講ずることにより、農業の健全な発展に寄与すること」となっております。つまり、やる気のある農業者に農地を集約する、そのためには地方公共団体は協力しなければならないという趣旨の法律です。

この法令に基づいて、農地に利用権設定をすれば、農地法の許可を受けずに農地の貸借契約が可能となっています。

⑵ 農地法第３条許可と利用権設定の違い

農地法は、基本的に農地を農地以外の目的で利用することを制限する法律ですが、基盤強化法は、農地の効率的かつ安定的な農業経営者の育成・農業

構造の確立を目的にしています。その中で、農地法第３条許可による賃貸借設定と基盤強化法による利用権の設定の違いをみてみましょう。

まず、基盤強化法による利用権設定の場合、利用権を設定できる農地は、農業振興地域内の農用地に限られております。つまり、利用権設定は、農地法第３条許可申請に比べて、簡便に農地を賃借する方法ですが、すべての農地に対してできるわけではないのです。

また、利用権設定をするには、借り手側にも一定の要件があり、「地域の農業の担い手にふさわしいか」という基準を満たしている農業者に限られます。ですから、新規参入で農業を始めようとする場合、最初から利用権設定の制度で農地を賃借するのは、ハードルが高いことになります。ただ、少ないですが、最初から設定できるケースもありますので、市町村の農政課・農業委員会の窓口で相談し、利用権設定が可能か確認することをお勧めします。

次に、農地法第３条許可を得て賃借権（使用貸借を除く。）を設定した場合は、契約期限が到来しても当該契約書に更新に関する特約がなければ、農地法第17条により法定更新する規定があります。これは借り手側を守るための法律と思われます。また、賃貸借契約の場合、契約書の内容に、一方的な解約で賃借人が不利なるような場合には賃貸人側で何らかの補償を必要とするなどの条項が設けられるなど、賃貸人側にリスクがありました。しかし、利用権設定では、これらの規定が排除されるため、貸し手側が安心して農地を貸すことができるわけです。

〈農地法第３条許可による移転のイメージ〉

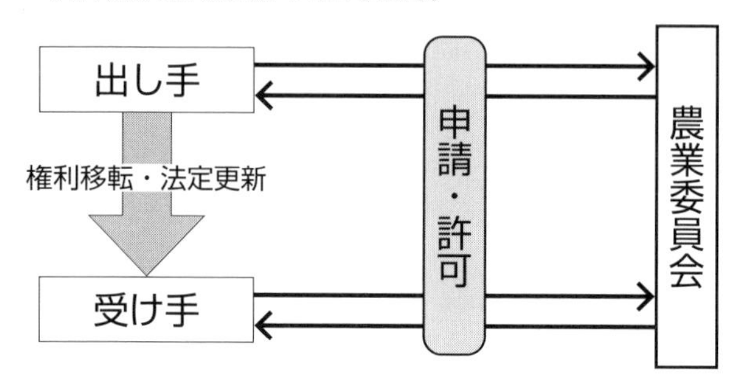

〈基盤強化法による移転のイメージ〉

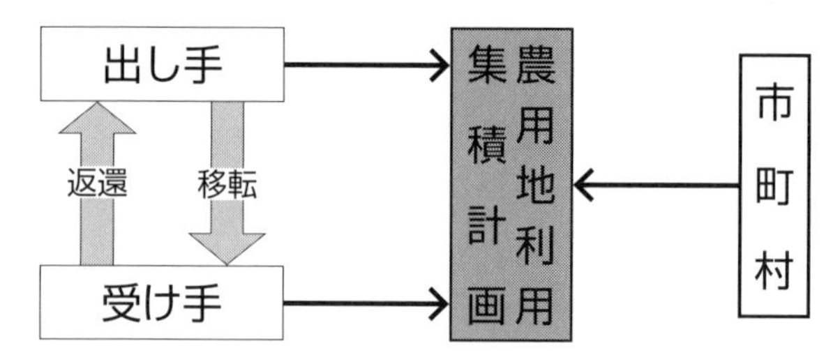

※農地法の許可が不要。法定更新されない。

(3) 農地中間管理機構（農地バンク）

担い手への農地集積・集約化を推進し、地域の農地利用の最適化や規模拡大による農業経営の効率化を進めるための、農地の中間的受け皿になる機関を農地中間管理機構（農地バンク）といいます。農地中間管理機構は、農家（農地の出し手）から農地を借受け、まとまった形で意欲ある担い手への農地の利用集積を促進（利用権設定や農地の売買）する事業を行っています。担い手とは、地域の将来設計となる人・農地プランの中心経営体や認定農業者、集落営農（法人）等を指します。

「農地利用円滑化事業」から「農地中間管理事業」への移行に伴い、令和２年４月１日より円滑化団体である農協などが行っていた農地の借受けや買い入れ、賃貸期間満了した農地の賃貸計画更新は、農地中間管理機構が行うことになりました。

実際には、農地中間管理機構は、市町村の農業委員会、農政課等と協力して、借り手、買い手については、あらかじめ確定したうえで、借受け、買取りの手続きをすすめます。借り手、買い手が特定できない状態で、いったん農地中間管理機構が農地を賃借、買受はしないとのことです。

なお、栃木県農地中間管理機構に問い合わせたところ、今後（令和７年４月の以降の予定）は、「地域計画」を定め、地域の中心的な担い手に位置づけられた耕作者に、農地を集約する方向になる見込みです。

農地利用円滑化事業

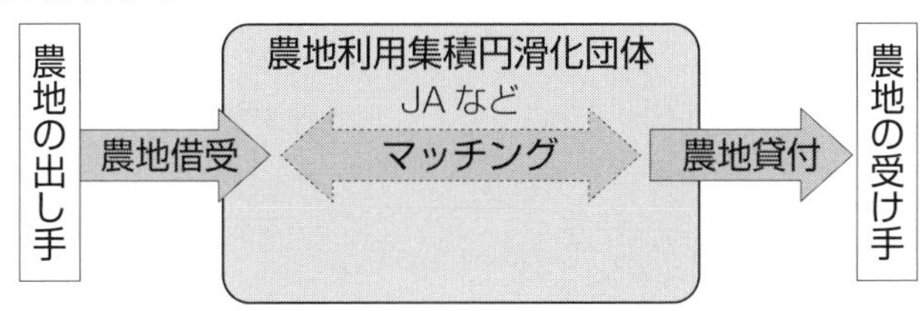

農地中間管理事業

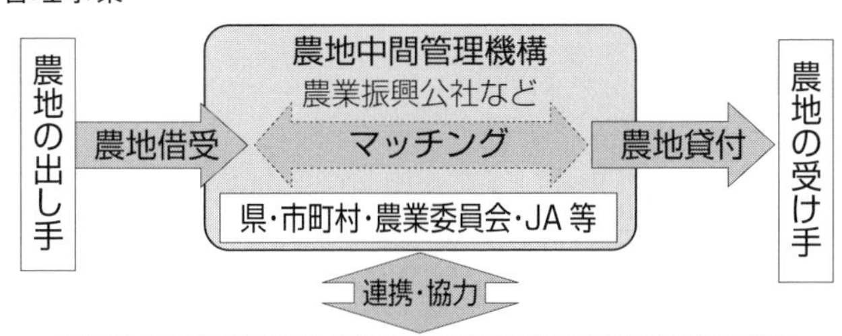

6．農地法第４条・第５条について

実務上、農業支援をしていますと、よく耳にするのが違法転用です。地目が畑とか田の土地に立派な庭があったり、石造りの納屋が建っていたりします。土地の所有者である農家からすれば自分の土地を自由に使って何が悪いという理屈になります。

この「農地以外の目的」とは何かというと、農地に住宅を建てる、農地を資材置き場や駐車場にするなどがまず思いつきます。しかし、意外なことに水耕栽培用のハウスを建設するためにハウスの基礎をコンクリートで固めたり、ハウス内部でフォークリフトが使えるように砕石を敷いたりすることも「農地以外の目的」になってしまうのです。

つまり、土耕栽培をするために最小限必要なもの以外は、農地転用という解釈になっているのです。ですからパイプハウスのように単管パイプが土に突き刺さっているようなビニールハウスは農地ですが、コンクリートの基礎を打ってしまったビニールハウスは農地ではない、という不思議な現象が起きてきました。しかし、これは不合理であることから「令和２年12月25日２経営第2427号」の通達により、ビニールハウスが農作物栽培高度化施設に該当すれば、農地法第43条の届出をすることによって、農地転用許可は不要になるという扱いになっています。付帯施設として、当該ビニールハウスに給電する目的の太陽光発電施設も農地転用から除外されます。

一方、農業者が行う一般的な農地転用の例としては、

①住宅、納屋、店舗等を建設する

②駐車場にする

③資材置き場にする

などが、考えられます。②の駐車場は、ハウス栽培をしている少し大きめの農家が、パートタイム労働者のためにハウスの横に砕石を敷いて駐車場をつくるなどのような場合が多いようです。

そこで、このように農地を農地以外の目的に利用したい場合、農地法第４条、第５条に基づいて許可（または届出）の申請をすることになります。自治体によって多少見解の違いがありますが、概ね次のようになります。

市街化調整区域	所有者が自ら転用	農地法第４条許可
	農地の所有者から農地を買ったり借りたりして転用する場合	農地法第５条許可
市街化区域	所有者が自ら転用	農地法第４条届出
	農地の所有者から農地を買ったり借りたりして転用する場合	農地法第５条届出

具体的例として、市街化調整区域の農地に直売所を建設することを検討してみましょう。農地法は、農地を守るために作られている法律なので、農地が減少することを歓迎していません。農地を農地以外の目的で使う農地転用は、様々なハードルをクリアしないと実現しないような仕組みになっています。つまり、その農地を転用するための理由がやむを得ないものであるかどうかをいろいろな角度から追求されることになります。

第一にすべての農地が転用できるわけではありません。農地には種類があり、転用可能な種類でないと転用することができないと規定されています。農地の種類とはどんなものがあるかを見ていきます。

市街化調整区域といいましても、これは、都市計画法上の区分けですので、農地の種類を知るためには、まず農業振興地域の整備に関する法律（以下、「農振法」という。）による区分けを理解する必要があります。

まず、県が次の要件を満たす地域を指定します（農業振興地域）。

①10年以上の農業振興を図るべき地域

②200ha以上の広がりのある農用地

その地域の中で、市町村が次の要件を検討して細かく区分けをします（農用地区域）。

①10ha以上の広がりのある農用地

②土地改良事業の施行区域

③果樹、野菜などの生産団地や地域特性に即した農業振興を図るべき地域

簡単にいうと、県が農業振興地域を指定し、その上で市町村が農用地区域を指定します。さらに農用地を農地、農業用施設用地、採草放牧地、混牧林地などに分けていきます。下図を参考にしてください。

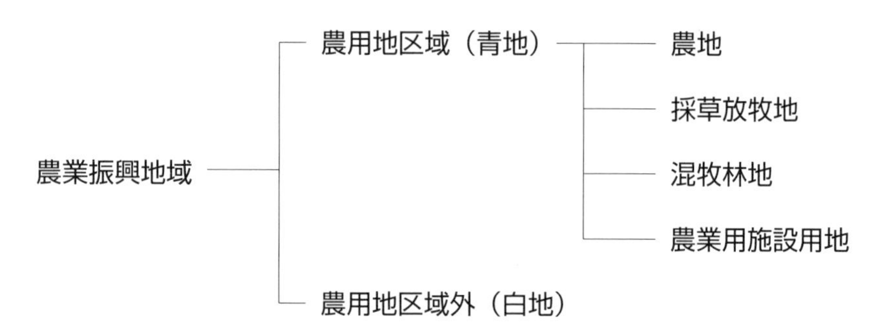

農業振興地域と農用地区域

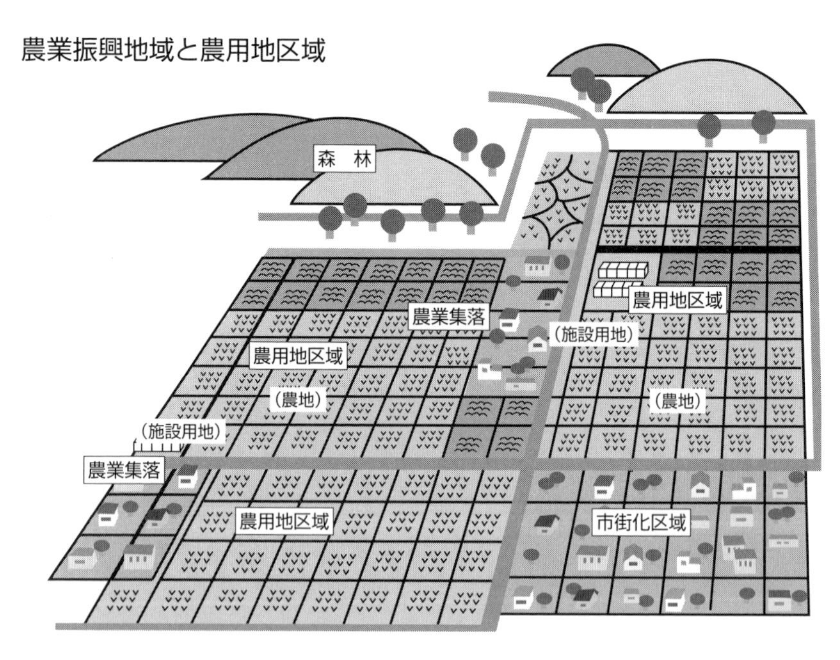

これとは別に農地法において次の４種類に区分されています（農地法４条６項１号ロ、５条２項１号）。

①甲種農地
②第１種農地
③第２種農地
④第３種農地

第１種農地とは、「10ha 以上の一団の区域内にある農地」または「土地改良事業の施行区域」の農地をいいます。

第１種農地のうち「市街化調整区域内で高性能機械による営農に適する農地」または「土地改良事業完了８年以内の農地」を甲種農地として扱います。

第２種農地・第３種農地は、第１種農地の要件を満たさない農地ということになります。第３種農地は、農地としての機能が著しく低い農地という扱いになり、農地以外の目的への転用が比較的認められる転用歓迎の農地であるのに対して、第２種農地は、10ha 以上の一団の農地ではないが転用をするのであれば、それ相応の理由を述べなければ許可されないという扱いになります。

農地転用において、農地が第２種農地・第３種農地か第１種農地の判断は、農業委員会に任せられています。つまり、この 10ha 以上の繋がりがあるかどうか、というのは農業委員会の地図に色塗りがされているわけではなく、その都度、個別的に判断しているようです。つながりを分断するのは、河川、山林、道路（２車線以上）なので、転用不可能を依頼者に説明するのに苦労することになります。つまり、線の引き方で、隣の農家は、許可になったのに、今回の申請は不許可になるという事態が起こりやすいのです。次に農地転用における農地のイメージを掲載します。

■農地区分

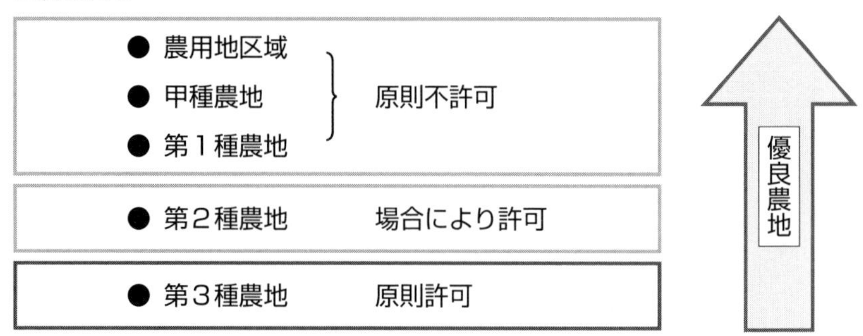

さて、このように農地の種類によって、転用の可否がわかれることをご理解いただけたでしょうか。では、今回のような直売所建設の予定地が、農業振興地域の農用地区域（農振農用地）に入っていたらどうなるのでしょうか？その場合は、まず、予定地を農用地区域から離脱させなければなりません。これを「農振除外」といい、市町村を通じて申し出をし、県が除外するかどうかを判断します。栃木県の場合、年に３回しか受付のタイミングがないため、最短でも７か月程度の期間がかかります。少しわかりづらいかもしれませんが、農振農用地を「青地」と言い、農振除外後の農地を「白地」と言います。農振除外をして「白地」になった当該農地は、前述の甲種〜第３種のいずれかに分類されます。そして、その後に、農業委員会に「農地転用の許可申請」をすることになります。こちらは、概ね６週間程度の期間がかかります。

■農用地区域の農地に店舗を建てるとき……

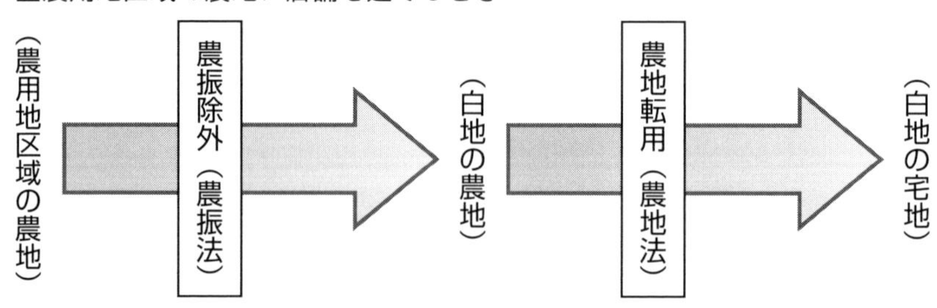

市街化調整区域の中には農振農用地ではない地域もあります。農振農用地は、前述のように農振除外の手続が必要ですが、それ以外の地域の転用であれば、市街化区域のときには、農地法第４条、第５条の届け出で済み、市街化調整区域のときには、許可を申請するということになります。そして、許可申請を受けた農業委員会は、その農地が、甲種～第３種のうちのどの農地であるかを判断基準として許可を出すか、出さないか判断することとなります。

なお、転用する農地が、４ha 以下の場合は農業委員会、４ha を超える場合は大臣の許可が必要です。農地の転用は、農地の位置や自然条件・都市的環境により区分された立地基準（農地区分）、農地転用の必要性等によって審査が行われます。すなわち、農地に直売所を建てたいと申請をしても、なぜその場所に建てないといけないのかを農業委員会に説明しなければならないのです。農地は原則守ろうという法律なので、農業に無関係の施設（例えば、農家が自己利用しない太陽光発電や、建設会社の資材置場など）は、農地転用の理由付けのハードルが高いです。一方、直売所などは、近隣の農家のために必要という理由で比較的緩やかに許可されます。その他、農家を継ぐ方の自己住宅なども優遇されます。微妙なのは、農家の子弟であっても農家を継がない子たちの専用住宅です。しかし、人口減少が進んでいる市町村では、人口増加の期待のため優遇されているイメージがあります。非農家の自己住宅は非線引きの市町村（市街化区域と市街化調整区域の線引きがない）の場合は、農地転用だけですが、市街化調整区域に指定のある市町村は、別途開発許可が必要になるので注意が必要です。

次に農地転用に必要な書類を検討します。一般的には許可申請書のほかに次の書面を添付します。

１．土地の登記事項証明書（全部事項証明書に限る）
２．周辺見取図（位置図）

３．公図写し（申請に係る土地及び隣接地の地番、地目、所有者氏名を表示する）
４．特定図（一時転用の申請で、一筆の一部分の転用である場合。３部提出）
５．土地利用計画図（建物の配置図などを含む利用計画のレイアウト）
縮尺１／500～１／2,000のもの
６．建物の平面図　　縮尺１／200～１／300のもの
７．取水、排水計画図（開発区域内の集水計画、排水放流先まで明示した用排水系統図。河川、水路等に放流する場合は、水利権者等の放流同意書）
８．他法令の許認可を了した場合はその写又は許認可申請手続中の場合は手続状況を証する書面
９．土地改良区の意見書（申請地が土地改良区にある場合）
10．事業計画書（一般用又は資材等置場用。土地選定経過書を添付）
11．資金計画
・収入－自己資金（預金残高証明）、借入金等（融資証明等）
・支出－用地取得費、造成費、建築費、付帯事業費、事務費等
12．所有権移転請求権保全の仮登記及び地上権、地役権、処分禁止の仮処分等の登記の場合は、抹消同意書を添付。
13．相続後、未登記の場合－相続関係系図、戸籍又は除籍謄本、相続放棄申述受理謄本等
14．委任状及び確認書（代理人による申請手続の場合）

※申請人が法人の場合は、次のものも必要
15．法人の登記事項証明書
16．法人の定款（寄付行為または規約）

転用目的が資材等置場の場合は、次のものも必要
（資材等置場とは、資材置場、製品（商品）置場、残土置場、廃車置場、建設機械置場等をいう）

17. 法人の決算書（貸借対照表及び損益計算書）２期分
　　個人事業者（確定申告の写し）　　　　　　２期分

前記のなかで重要なものは、「事業計画書」になります。申請書の２枚目上段にも「転用計画」を記入するところがありますが、通常「別紙のとおり」として、「事業計画書」に詳細を書いていくことになります。

７．営農型太陽光発電事業についての農地転用

農地に太陽光発電施設を設置するというと、市街化区域や第２種・第３種農地に太陽光発電施設を設置するイメージがあります。しかし、農地に支柱を長くした太陽光発電施設を設置して、その下部で営農を行うという方法があります。いわゆる「ソーラーシェアリング」といわれる取組みです。

しかし、どうしても農作業効率が悪くなってしまうことや、法律上の障害も多いなどの理由から当初はあまり普及しませんでした。そこまでして農地に太陽光発電施設を設置する理由がなかったためです。

経済産業省の再生可能エネルギーの固定買取制度（FIT）は、2020 年に低圧（10kw-50kw）について全量売電を認めなくなりました。これによってFIT 制度を利用した、農地に太陽光発電施設を設置するだけのタイプ（野立て太陽光発電）は認められなくなりした。しかし、農地一時転用許可期間が３年を超える営農型太陽光発電事業は、自家消費等を行わないものであっても、災害時活用を条件に、FIT 制度の対象とするという例外が付されたため、現在では、FIT 制度を利用した太陽光発電事業については、営農型太陽光発電事業を選択するほかなくなっています（令和６年４月現在）。このような状況から、現在、営農型太陽光発電事業は、増加傾向にあります。

農地上に太陽光発電システムを設置するには、架台の支柱部分のみに農地転用許可が必要とされています。

平成25年3月より農地転用許可制度上の取扱いについて、通知が農林水産省から出されていましたが、農地法施行規則の一部を改正する省令（令和6年農林水産省令第9号）により、具体的な考え方や取扱いについて定められた「営農型太陽光発電に係る農地転用許可制度上の取扱いに関するガイドライン」が制定され（令和6年3月25日付け5農振第2825号農村振興局長通知）、令和6年4月1日より施行されました。

そのうち、農業委員会の対応の要旨は次の3点です。

1．支柱の基礎部分について、一時転用許可の対象とする。一時転用許可期間は原則3年間（再許可では、従前の転用期間の営農状態を十分勘案して総合的に判断）。
2．一時転用許可に当たり、周辺の営農上支障がないか等をチェックする。
3．一時転用の許可の条件として、年に1回の報告を義務付け、農産物生産等に支障が生じていないかをチェックする。

平成25年3月の通達の当初、各市町村の農業委員会事務局は、営農型太陽光発電事業の一時転用にかなり消極的でした。現在も消極的な扱いに近いですが、申請件数も増えており、しっかりと要件を満たせば受理してもらうことが以前より容易になりつつあります。

令和6年のガイドラインが出るまでの経緯として、「再生可能エネルギー設備の設置に係る農業振興地域制度及び農地転用許可制度の適正かつ円滑な運用のための関係通知の整備について」（令和3年3月31日付け2農振第3854号農林水産省農村振興局長通知）では、一時転用の要件を緩和することが述べられています。実務上、一時転用して営農型太陽光発電事業を行いたいという農地は、優良農地ではないことが多いです。それはそのはずで、機械化に向いた大きな圃場は、しっかりと農業で収益が成り立つため、あえて、営農型太陽光発電事業を行う必要がないからです。

営農型太陽光発電事業の依頼については、中山間地域の荒廃農地やそれに近い農地で、営農者が困っている農地がほとんどです。背景は、地主が高齢で営農できない、もしくは営農をやめたいという農地に、営農型太陽光発電事業の事業者が声をかけて、事業を展開しています。この場合、営農者を誰にするかで調整が難航することが多いです。事例として多いのは、①発電事業者が農業部門の事業チームもしくは農地所有適格法人の子会社を立ち上げて営農する、②近隣の大規模農家（または農業法人）に営農部分を委託する、というパターンです。農水省の成功事例に、地主そのものが、発電事業を行って営農＋発電事業の収入で経営がよくなった、というのがありますが、事例としては小数になります。本来は、営農者の収入アップが一番の目的だと思うので、今後は増えていってほしいと思っています。

実務上における一時転用の申請は、次のパターンになります。

●**発電事業者が営農を行う**

➡　５条許可申請（一時転用）＋３条許可申請

一般法人であれば　解除条件付き賃貸借

●**農地賃借人が営農を行い、別途発電事業者が発電事業を行う。**

➡　５条許可申請（一時転用）＋区分地上権設定の３条許可申請

地上権者　　　：発電事業者

地上権設定者：営農者

●**農地所有者が営農と発電事業を行う**

➡　４条許可申請（一時転用）

なお、農水省は、通達（令和３年３月31日付け２農振第3854号農林水産省農村振興局長通知）で再生可能エネルギーの導入促進の観点から、耕作者の確保が見込まれない荒廃農地において、再生可能エネルギー設備の設置の積極的な促進が図られるよう努めるものとする、としています。

具体的な見直しの内容としては、

①　営農型太陽光発電について、

ア　荒廃農地を再生利用する場合は、おおむね８割以上の単収を確保する要件は課さず、農地が適正かつ効率的に利用されているか否かによって判断

イ　一時転用期間（10年以内）が満了する際、営農に支障が生じていない限り、再許可による期間更新がなされる仕組みであることを周知

② 再生困難な荒廃農地について、非農地判断の迅速化や農用地区域からの除外の円滑化について助言

③ 農地区域からの除外手続、転用許可手続が円滑に行われるよう、同時並行処理等の周知徹底

④ 農山漁村再エネ法による農地転用の特例の対象となる荒廃農地について、３要件のうち、生産状況が不利、相当期間不耕作の２要件を廃止し、耕作者を確保することができず、耕作の見込みがないことのみで対象となるよう緩和

⑤ 2050年カーボンニュートラルに向けた農山漁村地域における再生可能エネルギーの導入目標については、エネルギー基本計画の策定を待って検討

特筆すべきは、当初更新期間が３年だったものが、次の要件を満たす場合は10年になるということと、遊休農地（１号）には近隣の収量の80％の要件を課さないということです。これは、当初から私もそうすべきと思っていたことで、そもそも遊休農地において営農型太陽光発電事業なしで営農を再開しても、近隣の80％の収量がとれるわけがありません。むしろ遊休農地だった農地が、営農型太陽光発電事業によって耕作可能になるだけでも自治体（特に農業委員会）は感謝すべきです。また、荒廃農地やそれに近い農地の営農にあたって土作りから始めることを考えれば、３年で結果を出せというのも無理があるので、10年の期間は歓迎すべきです。

しかし実務上は、「遊休農地」の判断が自治体で若干異なるので、農家や農業法人の認識とずれるという問題があります。前述したとおり「遊休農地

の定義」は、営農者が今後耕作する意思があるかどうかも加味されるからです。
営農型太陽光発電事業者からは、安定した運用（特に金融機関からの融資の観点）から10年の更新期間を要望されることが多いのですが、実務上は次の要件を満たさないと、10年の更新期間は認められません。また文言上も10年以内としているので、必ず10年を保証することもできません（幸い今のところ、要件を満たした案件は10年の更新期間をもらっていますが）。なお、注意点は遊休農地（１号）で初回申請をして10年の許可をもらった場合、更新時期には、申請地は遊休農地ではないはずなので、再許可は３年になります。更新時に10年で再許可を受ける場合は、営農者が「認定農業者等の担い手」になっていれば、10年の許可を受けることも可能です。

次のいずれかに該当するときは一時転用の許可期間が10年以内になります。（これに当たらない場合は３年以内です。）

〇認定農業者等の担い手が下部の農地で営農を行う場合

〇遊休農地（１号）を活用する場合

〇第２種農地又は第３種農地を活用する場合

また、当然ですが、太陽光発電施設の下で営農するにあたり営農は適切な継続が確実かどうかをチェックされます。営農の適切な継続とは

〇営農が行われていること

〇生産された農作物の品質に著しい劣化が生じていないこと

〇下部の農地の活用状況が次の基準を満たしていること

になります。その他にも

- 農作物の生育に適した日照量を保つための設計であるか
- 効率的な農業機械等の利用が可能な高さ（最低地上高２m以上）であるか
- 周辺農地の効率的利用等に支障がない位置に設置されているか

について、農業委員会との協議が必要ですので、以前よりハードルが下がったとはいえ、野立て太陽光や資材置場の農地転用より手間のかかる対応が要求されます。

そして、10年以内または３年の更新時期には、遊休農地（１号）を再生利用した場合を除いて、同年の地域の平均的な単収と比較しておおむね２割以上減収していないか、チェックを受けます。遊休農地（１号）の場合は適正かつ効率的に利用されていること（農地の遊休化、捨作りをしないこと）が毎年提出する「農作物状況報告」を元に、再許可では、従前の転用期間の営農状況を十分勘案し総合的に判断されます。その際に「自然災害や労働力不足等でやむを得ない事情により、営農状況が適切でなかった場合は、その事情等を十分勘案」という規定も通達されているので、２割以上の減収を生じた場合は、営農者と協議してその理由作りをしていかなければなりません。

このように、再許可を受ける際に苦労が絶えないことが多いのですが、「営農に著しい支障があると判断された」場合には、設備を撤去して農地に復元しなければならない可能性もありますので、継続して支援する場合は、営農状況を撮影してもらい写真として記録を残すなどしていくことが大切になってきます。

なお、「営農型太陽光発電に係る農地転用許可制度上の取扱いに関するガイドライン」（令和６年３月25日５農振第2825号）では、営農に関する報告書の様式が一新され、収支計画等をより詳細に報告しなければならなくなっています。

具体的には、次の報告書の提出義務が課されます。

① 栽培実績書

ア 下部の農地において農作物が収穫されている場合には、収穫された農作物の生産に係る状況

イ 下部の農地において農作物の栽培が行われているが、その収穫が行われていない場合には、収穫が行われていない理由及び同じ生育段階にある農作物と比較した場合の生育状況

② 収支報告書

下部の農地における営農等（発電収入や発電事業者からの営農協力金等を含む。）の収支の状況

栽培実績書については、報告内容が適切であるかについて、必要な知見を有する者（例えば、普及指導員、試験研究機関等）の確認を受ける必要があります。

8．農地の移転、転用に関する罰則

最後に農地の移転や転用に関する農地法における罰則について説明します。

農地法では、「都道府県知事等は、政令で定めるところにより、次の各号のいずれかに該当する者（以下この条において「違反転用者等」という。）に対して、土地の農業上の利用の確保及び他の公益並びに関係人の利益を衡量して特に必要があると認めるときは、その必要の限度において、第四条若しくは第五条の規定によってした許可を取り消し、その条件を変更し、若しくは新たに条件を付し、又は工事その他の行為の停止を命じ、若しくは相当の期限を定めて原状回復その他違反を是正するため必要な措置（以下この条において「原状回復等の措置」という。）を講ずべきことを命ずることができる。」（農地法51条1項）としています。

また、罰則は、農地法第64条及び第67条で規定されています。平成21年の農地法改正において、特に法人の刑事罰が、厳罰化され1億円という高額の罰金になっています。

実務上、罰金や過料を科された話は今のところ聞いたことはありませんが、注意する必要はあると考えます。営農型太陽光発電事業の施設撤去については、希に相談を受けますが、営農者が真摯に反省し、始末書の提出や営農計画書の再提出などで回避しております。

農地法第64条　次の各号のいずれかに該当する者は、3年以下の懲役又は300万円以下の罰金に処する。

一　第３条第１項、第４条第１項、第５条第１項又は第18条第１項の規定に違反した者
二　偽りその他不正の手段により、第３条第１項、第４条第１項、第５条第１項又は第18条第１項の許可を受けた者
三　第51条第１項の規定による都道府県知事等の命令に違反した者

第67条　法人の代表者又は法人若しくは人の代理人、使用人その他の従業者が、その法人又は人の業務又は財産に関し、次の各号に掲げる規定の違反行為をしたときは、行為者を罰するほか、その法人に対して当該各号に定める罰金刑を、その人に対して各本条の罰金刑を科する。
一　第64条第１号若しくは第２号（これらの規定中第４条第１項又は第５条第１項に係る部分に限る。）又は第３号　１億円以下の罰金刑
二　第64条（前号に係る部分を除く。）又は前二条　各本条の罰金刑

第３章　農地などの有効活用、時効取得・仮登記

１．農業における担保設定

(1)　不動産担保

担保を検討するとき、まず土地などの不動産を考慮しますが、農地は評価額が低いため、抵当権の設定対象物件としてあまり活用されてきませんでした。また、農業者は一般の人よりも、土地は先祖代々の受け継ぎ物であると考える傾向が強いため、評価額にかかわらず土地を担保に提供することや売買をすることはあまり好まれませんでした。担保提供や売買をすることが少なかったため、相続が発生した時なども相続登記をせずにそのままにしておくケースが多く、いざ土地に抵当権を設定しようとした時には相続登記を入れるために莫大な手間と費用が掛かる状況になっていて、担保として活用できないケースも散見されます。江戸時代から相続登記を入れていないという例も農地についてはたまに見られます。一つの問題として、相続による所有権移転登記がなされていないことによる土地の固定化ということを挙げることができます。

農林水産省としては、農地の集約化をより積極的に推進したいということから、農地のみの特例を作り解決すると考えた時期もあったようですが、公平性の観点から農地だけを優遇することもできませんでした。平成30年より始まった一連の所有者不明土地に対する法改正により、一般土地と並行して、相続が未了であったり、所有者が不明である農地についても、利用権設

定という方法を用いて利用することが可能となりました。現在は最大40年間の利用権を設定することができ農業を行うについては支障の無い期間の利用権設定が可能となっています。ただ所有権が移転するわけではないので、抵当権の設定などはできません。近年、民間の金融機関も積極的に農業者に対して融資を始めており、農地を担保にするケースも増えています。所有権移転ができない弊害を農業者側も認識し始めています。

農地の評価額について議論があります。農地はそもそも農業を守るという政策的な観点から評価額が低く抑えられています。農業は他産業に比べ広い土地を使用するため、農地の所有権移転を制限して、所有者が農業を行うということが前提とされ、その上で農業者の税負担を低く抑える仕組みになっています。しかし、あまりに評価額が低いため、近傍地のその他の地目の所有者に大きな不公平感を生み出しています。また、評価額が低すぎるため、売買や賃貸の対象にもならなくなり農地の流動性を阻害する一要因にもなっています。

⑵　動産担保

太陽光発電システムが普及する中、動産担保に注目が集まっています。農業においても動産担保の利用が広がっています。例えば和牛の肥育農家などは、一頭の和牛の卸売価格が100万円になることもあり、単純に考えれば100頭で1億円の在庫となります。それを担保として活用することができれば、資金調達は非常にスムーズとなります。以前は疫病などで全頭が死滅してしまうリスクなどから、金融機関は生物に対する担保には消極的でした。しかし、そのようなケースでは保険や補償で大部分カバーされることも多く、なにより金融機関自体が農業に対して積極的になってきたことと、国が動産担保を積極的に推進していることもあり、生物に対する担保設定は増えています。ただ、動産譲渡登記は法人しか行えないため、現状ではまだ農業において動産譲渡登記が急増しているという状況にはありません。具体的な担保対象物件としては、ブランド和牛や黒豚などのその他ブランド家畜、農業ではないですが、冷凍マグロに対して担保設定した例があります。倉庫内の在庫に対する動産譲渡登記が可能であるので、鶏舎のニワトリなども可能であると考えられます。

生物以外では、ハウスに担保設定を行うことがあります。以前からあるビニールハウスは、価格も安価で担保設定するケースは少なかったですが、最近のハウスは、強化ガラスのものもあり、機械システムまで入れると億円単位になるハウスもあります。そのぐらいの価格になると基礎もあるかなり頑丈な構築物になるので、建築物となり建物として登記をしなければならない場合もあり通常の不動産登記となるのですが、以前からのビニールハウスと建物登記ができるほどのガラスハウスとの中間のハウスもあります。そのようなハウスの場合は動産として担保設定する場合もあります。ただ、この場合も農業では個人事業が多いため、動産譲渡登記には至らず、担保設定契約だけ締結し、物件にシールを添付するなどの方法で公示しているようです。いずれにしても、ハウスを使用する施設園芸は、今後、大規模化、IT 化することが見込まれ、土地集約型産業から施設集約型産業となり、大きな設備投資が必要な産業となってくることが予想されます。いわゆる野菜工場に限りなく近い施設園芸も生まれてきています。近い将来、底地への担保設定だけでは不十分となり、ハウスそのもの、その他システムへの担保設定をするための工夫、整備が必要となってくるでしょう。

2．農家住宅、分家住宅

⑴　農家住宅

市街化調整区域では、都市計画法により建物を建てることは非常に難しくなっています。しかし、農業者は先祖代々その所有する農地の近隣に居住していますので、市街化調整区域内にしか土地を所有していない場合も多くあります。そのような場合、農業者であれば調整区域内でも居住用建物を建てることができます。そのようにして建てられた居住用の建物を「農家住宅」といいます。都市計画法第29条第１項第２号に「市街化調整区域、区域区分が定められていない都市計画区域又は準都市計画区域内において行う開発行為で、農業、林業若しくは漁業の用に供する政令で定める建築物又はこれらの業務を営む者の居住の用に供する建築物の建築の用に供する目的で行う」農地に関しては開発許可が不要となっており、市街化調整区域内であっても農業者であれば居住の用に供する建築物の建築が可能となっているのです。ただし、都市計画法上の開発許可が不要となっているだけで、農地法第４条の許可は必要です。

農家住宅の細かい該当要件は、各自治体の条例によっていますが、農家住宅を建築しようとする者の要件は、概ね次のような基準となっています。従事日数など各自治体で相違がありますので、詳しくは各自治体に問い合わせてください。

農家住宅を建築しようとする者の要件（例）

⑴　10アール以上の農地（農家住宅の敷地として使用しようとする部分を除く）につき所有権又は所有権以外の権原に基づいて耕作を行っている者で、年間60日以上農業に従事している者。

⑵　10アール以上の農地（農家住宅の敷地として使用しようとする部分を除く）につき所有権又は所有権以外の権原に基づいて耕作を行っている農地所有適格法人の常時従事者で、年間60日以上その法人の業務に必要な農作業に従事する者。

農家住宅は、一農家（世帯）につき、一戸に限るという要件は、各自治体とも共通のようです。

⑵　分家住宅

また、農家の後継者が本家とは別の場所に分家として自己の居住用建物を建築することができます。これを「分家住宅」と言いますが、分家住宅も各自治体で要件を決めています。農家住宅より要件が細かいので、具体的な例を見た方が分かりやすいと思います。例えば、次のような基準となっています。

１　申請者は、次に掲げる要件に該当すること。
⑴　農家の親族（３親等内の血族に限る）であること。
⑵　自己の住宅を所有していないこと。
⑶　婚姻して「家」を構成している者又は婚姻が具体的である者であること。
２　申請地は、次に掲げる要件に該当すること。
⑴　既存の集落内又はおおむね50戸以上の建築物が連たんしている既存の集落の周辺であること。
⑵　本家である世帯が区域区分決定（昭和46年５月17日）前から引き続いて所有していた土地（区域区分決定日以降に相続又は贈与によりその地位を承継した土地を含む）であり、申請者に相続若しくは贈与された土地又は相続若しくは贈与される見込みのある土地であること。
３　本家である世帯及び申請者は、市街化区域に分家する適当な土地を所有していないこと。
４　本家には、農業経営者及び農業後継者がいること。
５　分家住宅は、自己の居住の用に供する専用住宅であること。

（留意事項）
１　集落とは、５戸以上の一団の家屋が連たんしている区域をいう。

2　連たんとは、建築物の敷地が原則として50メートル以内の間隔で連続して存在していることをいう。
3　周辺とは、既存の集落の外周線からおおむね50メートルの外郭の範囲とする。
4　申請地は、区域区分決定前から引き続いて本家である世帯が所有していた土地（区域区分決定日以降に相続又は贈与によりその地位を承継した土地を含む）であることを原則とするが、区域区分決定前から所有していた土地と交換により取得した土地もこれに含めてもよいものとする。
5　本家には後継者がいること。ただし、本家が区域区分決定前からおおむね50戸以上の建築物（市街化区域に存するものを含む）が連たんする区域内である場合はこの限りでない。

他に土地がないことと、分家によって農家が２戸となることが特に重要な要件となっています。つまりあくまでも農業の発展のために、必要な許可を求めないというスタンスです。農家住宅等を後に売却することもありますが、制約も多く注意が必要です。

３．農地の時効取得

農地法第３条、第５条の許可なしに農地の所有権移転ができる登記としては、まず相続が思いつきます。そして相続以外で許可不要の移転登記ができるものとしては、時効による所有権移転登記があります。各案件の事情によって結果の相違が出る農業委員会の判断とは異なり、要件さえきちんと整えば所有権移転登記ができるので、長期にわたり申請者が同地を占有している場合、時効による取得を考えがちです。しかし、いくつか注意点があります。

1　時効による取得が認められたとしても地目が変更されるわけではない。
2　農地法違反により罰則が科せられる場合もある。
3　10年の善意占有は認められず、20年の占有が求められる。

1の注意点ですが、あくまで時効によるのは所有権の移転がされるだけです。地目変更の許可がされたわけではありません。例えばAが所有者である農地をBが駐車場として使用していたとして、Bの時効取得が認められ、名実ともに所有者がBとなったとしても農地から駐車場への転用が認められたわけではありません。当然、農地法に則った手続が行われればBに対して農地への原状回復命令がなされます。依頼人に対しては、依頼人が取得以降その土地を農業以外で利用しようというのであれば、その後の措置を十分に検討する必要性がある点を伝えるべきです。

次に罰則についてです。農地の時効取得について重要な通達が出ていますので、まず、それを参照してください。

時効取得を原因とする農地についての権利移転又は設定の登記の取扱いについて

（昭和52年8月25日52構改B第1673号
農林省構造改善局長から地方農政局長、
都道府県知事、沖縄総合事務局長あて）

農地法の励行については、かねてからその指導の徹底を期するとともに、農地法違反行為に対しては、厳正な是正措置を講じてきたところであるが、最近、農地法所定の許可を受けなければならない場合であるにもかかわらず、当事者双方の申請により登記原因を時効所得という名目でその許可を得ることなく農地について所有権移転の登記が行われている事例が見受けられる。

このような農地法違反行為は、農地法の適正な運用を図る上で、看過することができないので、今後は、未然に違反防止の措置を講じ、農地法の励行指導につき一層徹底を期すため、別紙1のとおり法務省民事局長に依頼したところ、別紙2のとおり回答があったので、これらの趣旨及び下記事項に留意の上、今後の運用に遺憾なきを期すとともに、貴管下農業委員会に対して周知徹底を図られたい。

記

1　農業委員会の処理

(1)　登記完了前の措置

ア　農業委員会は、登記官から登記簿上の地目が田又は畑である土地について、時効取得を登記原因とする農地法第3条第1項本文に掲げる権利（以下単に「権利」という。）移転又は設定の登記申請がなされた旨の通知を受けた場合には、速やかに当該通知に係る事案が取得時効完成の要件を備えているか否かにつきその実情を調査するものとする。

なお、取得時効完成の要件を備えているか否かの判断に当たっては、農地に係る権利の取得が、農地法所定の許可を要するものであるにもかかわらず、その許可を得ていない場合には、占有（準占有）の始めに無過失であったとはいえず、このような場合の農地に係る権利の時効取得には、20年間所有の（自己のためにする）意思を以って平穏かつ公然と他人の農地を占有（農地に係る財産権を行使）することを要するものと解されるので留意すること。

イ　農業委員会は、アの調査の結果、当該事案が取得時効完成の要件を備えておらず、時効取得を登記原因とする権利の移転又は設定の登記が行われることが農地法に違反すると判断される場合には、速やかに登記官に対してその旨通知するとともに、当該登記申請当事者に対しその旨を伝え、当該登記申請書を取り下げさせるとともに、農地法所定の許可を受けた上で権利の移転又は設定の登記を行わせる等、事案に即した適切な指導を行うものとする。

(2)　登記完了後の措置

ア　農業委員会は、登記官から登記簿上の地目が田又は畑である土地について、時効取得を原因とする権利の移転又は設定の登記が行われた旨の通知を受けた場合には、速やかに当該通知に係る事案が取得時効完成の要件を備えているか否かにつき、その実情を調査し、遅滞なく別紙様式第１号による報告書を都道府県知事に提出するものとする。

イ　農業委員会は、アの調査の結果当該事案が取得時効完成の要件を備えていないため農地法違反であることが判明したときは、登記申請当事者に対して農地法違反であることを伝え、速やかに当該登記の抹消、農地の返還等農地法違反行為の是正を行うよう指導するものとする。

ウ　登記申請当事者がイによる農業委員会の指導に従わず農地法違反行為の是正を行わない場合には、農業委員会は都道府県知事に対して、当該登記申請当事者に是正を行うべき旨の通知を行うよう連絡するものとする。

エ　農業委員会は、２の(1)による都道府県知事の通知を登記申請当事者に交付するにあたって当該通知の内容を遵守履行するよう指導するものとする。

オ　農業委員会は、通知内容の履行状況の把握に努めるとともに、登記簿謄本等によって履行が完了したことを確認したときは、その旨を都道府県知事に報告するものとする。

カ　農業委員会は、登記申請当事者が通知内容の履行を遅滞していると認めるときは、その履行を督促し、あわせて遅滞している理由及び履行状況の報告を求め、またその報告があったときは、当該報告に農業委員会における処理過程等を添付して都道府県知事に報告するものとする。

2　都道府県知事の処理

(1)　都道府県知事は、農業委員会から１の(2)のウによる連絡を受けた場合は、必要に応じて実情の調査を行い、通知を行うことが必要であると認められるときは、登記申請当事者に対し別紙様式第２号により農業委員会を経由して農地法違反の是正措置を講ずるよう通知するものとする。

(2)　都道府県知事は、１の(2)のカの農業委員会の報告を受けた場合は、その報告内容の検討を行い、通知内容の履行が遅滞していることにつき、相当な理由があると認められる場合を除き告発を行うものとする。

以下省略

以上の通達のように、農林水産省は、本来、農地法所定の許可を受けなければならない場合であるにもかかわらず、当事者双方の申請により登記原因を時効所得という名目でその許可を得ることなく農地について所有権移転の登記を行う違反転用行為を、農地法の適正な運用を図る上で看過することができないとしています。そして時効による所有権移転登記申請があった場合の対応を示しています。

登記完了前であれば、登記官より農業委員会に通知をし、実情の調査をし、当該事案が取得時効完成の要件を備えておらず、時効取得を登記原因とする権利の移転又は設定の登記が行われることが農地法に違反すると判断される場合には、速やかに登記官に対してその旨通知するとともに、当該登記申請当事者に対しその旨を伝え、当該登記申請書を取り下げさせるとし、農地法所定の許可を受けた上で権利の移転又は設定の登記を行わせる等、事案に即した適切な指導を行うものとするとしています。

また、登記が完了した後であれば、登記官から通知を受けた農業委員会は、速やかに当該通知に係る事案が取得時効完成の要件を備えているか否かにつき、その実情を調査し、遅滞なく報告書を都道府県知事に提出するものとしています。そして当該事案が取得時効完成の要件を備えていないため農地法違反であることが判明したときは、登記申請当事者に対して農地法違反であることを伝え、速やかに当該登記の抹消、農地の返還等農地法違反行為の是正を行うよう指導するものとしています。さらに、農業委員会は、登記申請当事者が通知内容の履行を遅滞していると認めるときは、その履行を督促し、あわせて遅滞している理由及び履行状況の報告を求め、またその報告があったときは、当該報告に農業委員会における処理過程等を添付して都道府県知事に報告するものとしています。報告を受けた都道府県知事は、その報告内容の検討を行い、通知内容の履行が遅滞していることにつき、相当な理由があると認められる場合を除き告発を行うものとしており、厳しい対応をするものとしています。

３の時効完成のための占有期間についてですが、同じく前記通達の１⑴アに示されていますが、取得時効完成の要件を備えているか否かの判断に当たっては、農地に係る権利の取得が、農地法所定の許可を要するものであるにもかかわらず、その許可を得ていない場合には、占有（準占有）の始めに無過失であったとはいえず、このような場合の農地に係る権利の時効取得には、20年間自己のためにする所有の意思をもって平穏かつ公然と他人の農地を占有（農地に係る財産権を行使）することを要するものと解されるとしており、農地法所定の許可が必要な場合の農地を時効取得するためには、善意占有の場合の10年では足りず、20年間の占有がなければ時効は完成しないとしています。

農地の時効取得による所有権移転を行う場合には、農地の保全を目的とする農地法の趣旨を踏まえ、その実情及び依頼人の要望を十分に調査、検討し、さらにあらかじめ農業委員会と打ち合わせをした上で行うことが必要であると思います。

4．農地における仮登記の扱い

農地の所有権移転に関しては、２号仮登記についても問題があります。売買代金の支払いが済んでいる、代物弁済の対象になっているなどの理由で事実上の所有は移っているが、農地法の許可を取得できないために所有権移転登記ができない、権利保全のためにとりあえず仮登記を入れておくという状況です。このような場合、これまでの所有者がその農地を耕作していれば、農地保全の観点からは事実上大きな問題はないのですが、そのような場合、現実には長期間の耕作放棄状態に陥ってしまうという恐れが多いのです。

現在２号仮登記がされる農地については、耕作放棄の発生防止を図るとともに違反転用の防止を徹底するため、各市町村農業委員会及び都道府県知事は、登記官からの毎月の情報提供をもとに次の対応をすることとなっています。

１　農業委員会の処理

(1)　農地について、２号仮登記がされた場合、登記所において登記官は当該農地の所在及び地番を取りまとめた連絡票を作成することとされたので、農業委員会は、管轄登記所と協議の上、随時、連絡票を管轄登記所において受領する方法又は毎月所定の日に管轄登記所から送付を受ける方法により、情報提供を受けることとする。

なお、農業委員会は、毎月所定の日に登記所から送付を受ける方法が採用された場合においても、必要に応じて管轄登記所において連絡票を確認することとする。

(2)　農業委員会は、登記官から、２号仮登記がされた農地の所在及び地番について情報提供を受けたときは、当該農地について、農地基本台帳その他の資料等により、次の事項を調査するとともに、登記事項証明書により、地積及び仮登記の登記権利者（以下「仮登記権利者」という。）の住所・氏名を確認することとする。

① 所有者の住所・氏名。

② 現況が農地法第２条第１項の「農地」に該当するか否か。

③ 所在が、都市計画法（昭和 43 年法律第 100 号）第７条第１項の市街化区域と定められた区域内か否か、また、農業振興地域の整備に関する法律（昭和 44 年法律第 58 号）第８条第２項第１号に規定する農用地区域と定められた区域内か否か。

④ 農地法第３条第１項、第５条第１項の許可、同第６号の届出又は第５条第４項の協議若しくは農地中間管理事業の推進に関する法律（平成 25 年法律第 101 号）第 18 条第７項に基づく農用地利用集積等促進計画の公告等（以下「農地法に基づく許可等」という。）の手続が行われているか否か。

⑤ その他参考となる事項。

⑶ 農業委員会は、⑵の調査により、本登記をするために農地法に基づく許可等の手続が行われていないことが確認されたものについて、次の対応を講じることとする。

① 当該農地の所有者に対し、次の事項を周知徹底する。

ア 農地の売買は、農地法に基づく許可等がなければ、所有権移転の効力を生じないこと。

イ 農地法に基づく許可等がなければ、売買契約の締結がされていても、農地の所有権は仮登記権利者ではなく、農地の所有者にあること。

ウ 農地法に基づく許可等を受ける前に仮登記権利者に農地を引き渡した場合は、農地法違反となり、同法第 64 条の規定に基づき

３年以下の懲役又は300万円以下の罰金（法人が転用目的で農地を引き渡した場合にあっては、同法第67条の規定に基づき１億円以下の罰金）の適用があること。

② 農地の所有者が耕作を放棄するに至った場合には、耕作を再開するよう指導するとともに、自ら耕作再開が困難な場合には、貸付けを行うことが適当であり、貸付けがなされるよう指導する。なお、農地の所有者が認定農業者等への貸付けを希望する場合には、借受者のあっせんに努めること。

③ 当該農地の仮登記権利者に対し、次の助言等を行う。

ア 農地の売買は、農地法に基づく許可等がなければ、所有権の移転の効力を生じないこと。

イ 農地法に基づく許可等がなければ、売買契約の締結がなされていても、農地の所有権は仮登記権利者ではなく、農地所有者にあること。

ウ 農地法に基づく許可等を受ける前に、農地の引渡しを受けた場合は、農地法違反となり、同法第64条の規定に基づき３年以下の懲役又は300万円以下の罰金（法人が転用目的で農地を引き渡した場合にあっては、同法第67条の規定に基づき１億円以下の罰金）の適用があること。

エ 農地の転用を希望している仮登記権利者に対しては、２号仮登記を行ったとしても、農地転用許可の判断において何ら考慮されるものではないこと。

(4) 農業委員会は、(3)の対応を講じている農地に係る情報について、別紙様式１により整理するとともに、その状況を継続的に調査し、依然として農地法に基づく許可等の手続が行われず、２号仮登記も抹消されていない場合には、引き続き(3)の対応を講じることとする。

なお、別紙様式１の内容については、上記継続調査の結果を踏まえ、毎年１月１日現在の内容へ更新した上で、毎年２月末日までに都道府県へ報告することとする。なお、農地法第４条第１項に規定する指定市町村の農業委員会にあっては、都道府県及び指定市町村に報告することとする。

(5)　市町村及び農業委員会は、２号仮登記がされた農地が現在耕作されていても、将来遊休農地化するおそれがあることから、農地法第30条第１項に規定する利用状況調査を行う際に特に注意すべき農地として調査することにより、遊休農地の発生防止に努めるものとする。

(6)　農業委員会は、(3)及び(4)の活動の中で、違反転用に該当すると判断した事案については、農地法関係事務処理要領（平成21年12月11日付け21経営第4608号・21農振第1599号農林水産省経営局長・農村振興局長連名通知。以下「事務処理要領」という。）別紙１の第４の７の(1)のアにより対応することとする。

２　都道府県農地担当部局の処理

(1)　都道府県又は指定市町村農地担当部局は、１の(2)等による農業委員会の調査が円滑に行われるよう、農業委員会から農地法に基づく許可に関する情報等の提供について要請があった場合には、迅速な提供に努めることとする。

(2)　都道府県又は指定市町村農地担当部局は、１の(6)の場合、事務処理要領別紙１の第４の６の(1)のアの（ア）により、農業委員会から報告書の提出があった場合には、事務処理要領別紙１の第４の６の(1)のイにより対応することとする。

(3)　都道府県又は指定市町村農地担当部局は、農業委員会から１の(4)に基づき別紙様式１により報告を受けた場合には、１の(3)の対応が円滑に行われるよう必要に応じ農業委員会に対する指導・助言、情報の提供を行うこととする。

(4)　都道府県又は指定市町村農地担当部局は、農業委員会より報告のあった別紙様式1の2号仮登記のうち対応を講じている農地一覧表に掲載されている情報について、別紙様式2により取りまとめ、地方農政局長（北海道にあっては農村振興局長、沖縄県にあっては内閣府沖縄総合事務局長）あて毎年3月末日までに報告することとする。この際、指定市町村農地担当部局は、情報共有を図るため都道府県農地担当部局にその写しを送付する。

（平成20年12月1日20経営第4874号、20農振第1409号農林水産省経営局長、農林水産省農村振興局長通知（最終改正：令和5年3月29日4経営第3240号）より一部抜粋）

以上の通達の中で特に意識しなければならないのは、1の(3)①です。つまり、「農地の売買は、農地法に基づく許可等がなければ、所有権移転の効力を生じないこと」「農地法に基づく許可等がなければ、売買契約の締結がされていても、農地の所有権は仮登記権利者ではなく、農地の所有者にあること」を依頼人に対して伝えることが必要です。また、農地法に基づく許可等を受ける前に仮登記権利者に農地を引き渡した場合は、農地法違反となり、同法第64条の規定に基づき3年以下の懲役又は300万円以下の罰金（法人が転用目的で農地を引き渡した場合にあっては、同法第67条の規定に基づき1億円以下の罰金）の適用があることも同時に知らせなければなりません。

5．農地保有合理化法人と農地中間管理機構

(1) 農地保有合理化法人

農地保有合理化法人とは、農業経営基盤強化促進法の規定に基づき、農地保有合理化事業を行う主体として位置付けられてきた法人で、都道府県の農業公社が担ってきました。現在、農地保有合理化法人は、廃止されておりそ

の役割を農地中間管理機構が引き継いでいます。「農地保有合理化事業」とは、耕作放棄地対策として、「離農農家や規模縮小農家等から農地を買入れまたは借入れ、規模拡大による経営の安定を図ろうとする農業者に対して農地を効率的に利用できるよう調整した上で農地の売渡しまたは貸付けを行う事業農地保有合理化事業の概要農業者に対して、農地を効率的に利用できるよう調整した上で、農地の売渡しまたは貸付けを行う事業」です。買入れ、または借入れとなっていますが、主に買入れの方に力点が置かれており、それも売主（いわゆる「出し手農家」）と買主（いわゆる「受け手農家」）の目途がある程度ついているような取引に対して利用されていたようです。

このような実情から、農地保有合理化法人には、次の問題点があるとされていました。

① 土地を受け継ぐという気持ちのある農業者は、たとえ使われていなくても土地を売るということには抵抗がある。
② 出し手農家と受けて農家がある程度決まっていないと動かないのでは、流動化がなかなか進まない。
③ 手続面が煩雑である

などの問題点が指摘されていました。

⑵ 農地中間管理機構の創設

そこで、それらの問題点を解消し、耕作放棄地問題に対し積極的な対策を取るため、その目標を今後10年間で、担い手の農地利用が全農地の８割を占める農業構造を実現するとして「農地中間管理機構（農地集積バンク）」が創設されました。農地中間管理機構は「農地中間管理事業の推進に関する法律」（平成26年３月１日施行）に規定された団体で、主に農地保有合理化法人を運営していた都道府県の農業公社が機構にもなっています。農地保有合理化法人は廃止となり、地権者から農地を買入れ、農家への売渡しを行う事業は、平成26年度より農地中間管理機構が、その事業の特例として実施しています。

農林水産省のホームページでは、農地中間管理機構は、改正農業経営基盤強化促進法（令和５年４月施行）において法定化された「地域計画」に基づき、所有者不明農地、遊休農地も含め所有者等から借受け、担い手等へ貸付を行い、農地の集積・集約化を進めていく機構と説明されています。具体的には、農地中間管理事業として、農地中間管理事業の推進に関する法律第２条第３項各号に規定されています。

農地中間管理事業

1　農用地等について農地中間管理権を取得すること。

2　農地中間管理権を有する農用地等の貸付け（貸付けの相手方の変更を含む。第18条第10項において同じ）を行うこと。

3　農用地等について農業の経営又は農作業（以下「農業経営等」という。）の委託を受けること。

4　農業経営等の委託を受けている農用地等について農業経営等の委託（委託の相手方の変更を含む。）を行うこと。

5　農地中間管理権を有する農用地等の改良、造成又は復旧、農業用施設の整備その他当該農用地等の利用条件の改善を図るための業務を行うこと。

6　農地中間管理権を有する農用地等の貸付けを行うまでの間、当該農用地等の管理（当該農用地等を利用して行う農業経営を含む）を行うこと。

7　農地中間管理権を有する農用地等を利用して行う、新たに農業経営を営もうとする者が農業の技術又は経営方法を実地に習得するための研修を行うこと。

8　前各号に掲げる業務に附帯する業務を行うこと。

（農地中間管理事業の推進に関する法律第２条第３項）

つまり、原則は農地を賃貸借で流動化させ、受け手が決まっていない場合についても農地中間管理機構が農地をいったん借り受けるということが、以前の農地保有合理化法人との相違点です。農地集積バンクという通称名がそれを端的に表しています。

同時に耕作放棄地の対策強化として農地法の改正も行い、国では農地の取引の透明化、貸付ルールの明確化を念頭に次の政策を展開していくようです。

①　既に耕作放棄地となっている農地のほか、耕作していた所有者の死亡等により耕作放棄地となるおそれのある農地（耕作放棄地予備軍）も対策の対象とする。

②　農業委員会は、所有者に対し、農地中間管理機構に貸す意思があるかどうかを確認することから始めることとする等、手続の大幅な改善・簡素化により、耕作放棄状態の発生防止と速やかな解消を図る。

③　農地の相続人の所在がわからないこと等により所有者不明となっている耕作放棄地については、公告を行い、都道府県知事の裁定により農地中間管理機構に利用権を設定する。

６．その他農地に関わる法律

農地を利用するにあたり、複数の法律が交錯することがあります。農地を耕作するために利用する場合には、あまり意識することはありませんが、今後、６次産業化、ソーラーシェアリング等、農業と他産業を組み合わせて収益をあげていくことが考えられます。

例えば、６次産業化を展開するときに、農家レストラン・農家民宿をつくるとしましょう。そうなると、このような建物を農地に建てる場合には、農地法第４条、第５条の知識が必要になります。また、建物の内容によっては、都市計画法に規定された開発行為の知識も必要になります。

少し特殊な例かもしれませんが、山林を伐採して新たな農地を造成するなどという場合には、森林法によって伐採が規制されることもあります。造成したい山林が保安林であれば、当該土地の木を伐採して農地にすることはできません。保安林でなければ、「伐採の届出」を県の林務課等へ提出することになります。

農業を考えるときに必要と思われる法律を次にまとめ、各法律がどのような理由により制定されたのかを理解するために、それぞれの「目的」を抜粋してみました。

〈農地に関わる法律〉

法律名	管轄団体	目的	区分
農地法	農業委員会 都道府県	農地の保全・食料の安定供給	農地区分 甲種農地 第1種農地 第2種農地 第3種農地
都市計画法	市町村建築指導課等 都道府県	都市の健全な発展と秩序ある整備	市街化調整区域 市街化区域
農業振興地域の整備に関する法律	都道府県農政課等	地域の整備に関し必要な施策	農業振興地域 農用地区域
農業経営基盤強化促進法 農地中間管理事業の推進に関する法律	農地中間管理機構	農地の集約・流動	利用権設定 農地の売買

農地法（目的）

この法律は、国内の農業生産の基盤である農地が現在及び将来における国民のための限られた資源であり、かつ、地域における貴重な資源であることにかんがみ、耕作者自らによる農地の所有が果たしてきている重要な役割も踏まえつつ、農地を農地以外のものにすることを規制するとともに、農地を効率的に利用する耕作者による地域との調和に配慮した農地についての権利の取得を促進し、及び農地の利用関係を調整し、並びに農地の農業上の利用を確保するための措置を講ずることにより、耕作者の地位の安定と国内の農業生産の増大を図り、もって国民に対する食料の安定供給の確保に資することを目的とする。

都市計画法（目的）

この法律は、都市計画の内容及びその決定手続、都市計画制限、都市計画事業その他都市計画に関し必要な事項を定めることにより、都市の健全な発展と秩序ある整備を図り、もって国土の均衡ある発展と公共の福祉の増進に寄与することを目的とする。

農業振興地域の整備に関する法律（目的）

この法律は、自然的経済的社会的諸条件を考慮して総合的に農業の振興を図ることが必要であると認められる地域について、その地域の整備に関し必要な施策を計画的に推進するための措置を講ずることにより、農業の健全な発展を図るとともに、国土資源の合理的な利用に寄与することを目的とする。

農業経営基盤強化促進法（目的）

この法律は、我が国農業が国民経済の発展と国民生活の安定に寄与していくためには、効率的かつ安定的な農業経営を育成し、これらの農業経営が農業生産の相当部分を担うような農業構造を確立することが重要であることにかんがみ、育成すべき効率的かつ安定的な農業経営の目標を明らかにするとともに、その目標に向けて農業経営の改善を計画的に進めようとする農業者に対する農用地の利用の集積、これらの農業者の経営管理の合理化その他の農業経営基盤の強化を促進するための措置を総合的に講ずることにより、農業の健全な発展に寄与することを目的とする。

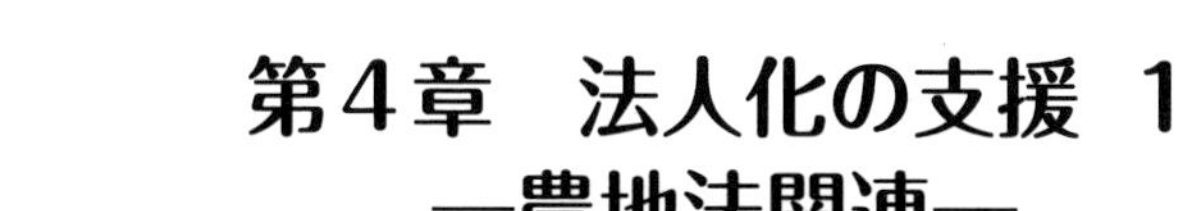

第４章　法人化の支援 １
―農地法関連―

１．農業法人と農地所有適格法人

農業を行う法人として「農業法人」と「農地所有適格法人」という２つの名称があります。右図の関係となります。

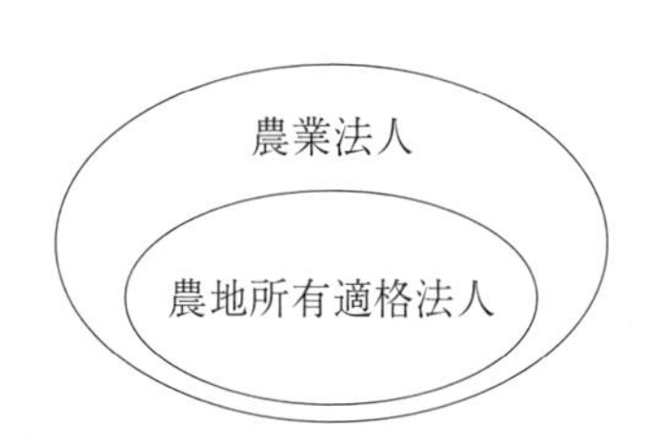

⑴　農業法人

法律上農業法人はあえて言えば、「農林漁業法人等に対する投資の円滑化に関する特別措置法」第２条によって農事組合法人、株式会社等であって、農業を営むものをいうとされていますが、一般的な名称として農業を行っている法人の総称として用いられています。農地を使わず農業を行っている法人も含まれます（野菜工場、水耕栽培のいちごハウス、養鶏業など）。

⑵　農地所有適格法人

農地所有適格法人は、農地法（同法２条３項）で定義された法人です。農地を所有等して農業を行うことができる一定の形態の法人を指します。

一定の形態とは、農事組合法人、株式会社（株式譲渡制限会社に限る）、持分会社（合名会社、合資会社、合同会社）のことです（法人形態要件）。ちなみに、株式会社、持分会社は、会社法に規定される法人ですが、農事組合法人は、農業協同組合法を根拠法としています。

その他、事業要件、構成員要件、業務執行役員要件の４つの要件を備えて、農地を取得した法人を農地所有適格法人と呼びます（詳細は、後記5.「農地所有適格法人（株式会社）設立」を参照）。

つまり、農業を事業として行っている法人を「農業法人」と呼び、その中でも特に一定の４つの要件を備えて、農地を取得した法人のみを「農地所有適格法人」と呼びます。一定の要件を備えた段階で農地所有適格法人と称する場合もありますが、厳密に言うと要件が整っているかどうかの確認を受けていないので、その段階では、農地所有適格法人ではありません。法人として農地を取得できるかどうかを農業委員会で審査され農地取得の許可を得て農地を取得したところから厳密な意味での農地所有適格法人となります。ただ、一部の補助金の交付要件としての農地所有適格法人は、農地を実際に取得していなくても、農地所有適格法人の要件を備えていればよい場合もあり、農地所有適格法人の要件を備えた段階で農地所有適格法人とみなしています。実際の運用では厳密な言葉の使用はされていないようです。

農地所有適格法人には、法律上の名称の定義（農地法２条３項）はありますが、使用しなければならないという規定はありません。つまり「農地所有適格法人」という言葉を商号に入れて登記することもできますが、特に入れなければならないという規定はありません。むしろ農地所有適格法人の要件を外れてしまったときに、名称変更の登記が必要となるので、通常は、商号にまでは、入れません。

平成21年の農地法改正前までは、農地を使用して農業を行っている法人はすべて農地所有適格法人でしたが、平成21年の農地法改正により通常の一般法人（＊１）などで農地所有適格法人の要件を備えていない法人でも、解除条件付きの賃貸借契約など（＊2）により農地を借りて農業をすることは可能となりました（農地法３条３項）。

＊１　農地所有適格法人の場合に要件とされる法人の形態要件も満たす必要がないので、農地所有適格法人として認められない公開会社である株式会社や、NPO 法人なども農地を借りて農業を経営することが可能です。

＊２　解除条件とは……
「農地又は採草放牧地を適正に利用していないと認められる場合に使用貸借又は賃貸借の解除をする旨の条件が書面による契約において付されていること。」（農地法３条３項）とされており、具体的な契約文言としては、「甲は、乙が目的物たる農地を適正に利用していないと認められる場合には賃貸借契約を解除するものとする。」（農地法関係事務処理要領　様式例）という条文が農林水産省より例示されています。

一般法人等が農地を借りる場合であっても農地法第３条の許可は必要となります（＊3）。その中で農地所有適格法人の要件に比べれば非常に緩やかなものですが、業務執行役員の要件だけ規定があります。また、通常の農地所有適格法人同様、農業委員会への農地使用状況の報告義務もあります。

＊３　本章では、農地法第３条の許可を得て農地を取得するということで解説していますが、農地中間管理機構を利用して農地を取得するという方法もあります。国が推進しているということもあり、農地中間管理機構を利用した賃貸借や使用貸借を設定する（利用権設定）ケースが非常に多くなっています。

2．法人形態の選択

農地所有適格法人となることのできる法人形態は、株式会社、農事組合法人、合同会社、合資会社、合名会社ですが、株式会社と農事組合法人の形態をとる法人が圧倒的に多くなっています。

他業種では、組合形態を選択することは多くありません。しかし、農業における農事組合法人は、株式会社同様にポピュラーな法人形態です。それは水の利用など一定の集落で共同して事業を行うことが多い農業の特殊性によります。例えば稲作であれば、一定の地域において水を誰から使うのか優先順位をその地域で話し合って決めます。1年に数日しか使わない高価な農作業機械であれば、共同で購入して何戸かの農家が共同で使用したり、作業を分担したりして行うこともあります。このように、他産業に比べ近隣の同業者と共同で事業を行うことが多いため、その発展形態として、組合形態の事業体を選択することも多いのです。

通常は、集落を単位として、生産行程の全部又は一部について共同で取り組む組織（集落営農＊4）が法人化するときに農事組合法人の形態を選択することが多いようです。

＊4　集落営農も単なる農家の集まりではなく、通常は、行政上の優遇を得るための要件①規約を定め代表者を選任する、②共同販売経理を行う、を整えます。つまり多くの集落営農は、集落営農組織となった時点で、かなりフォーマルな組織となっているのです。

しかし、農事組合法人から株式会社への移行が可能であるため、登録免許税が安いなど設立費用も安価に抑えられ、また、ランニングコストも低いので、一戸農家であっても法人成りする時に農事組合法人の形態を選択することがあります。ただし、農事組合法人は、構成員要件として、農民３人以上の構成員が必要なので、一戸農家であっても３人以上働き手がいる農家が対象となります。

3．法人化へのきっかけ

法人化を検討するにあたり、まず、前提として依頼者の属性を考えなければいけません。つまり、依頼者が現在農業をやっているのか、サラリーマンをやっていて脱サラで農業を始めるのか、別に会社を経営していて事業拡大の一環として農業を始めるのか、それによって検討する事項は大きく変わってきます。大きく分けると、農業者がいわゆる法人成りする場合と、他業種からの農業進出が考えられます。農業を行ってきた者が、規模を拡大するために法人化する場合と、農業を行ったことはないが、他業種で実績のある法人が農業に進出する場合の２パターンです。

まず、農業者の法人成りのケースを考えます。脱サラにより農業を始めるというケースも同じ分類で検討できると思われます。この場合に特に重要なのは、どのような理由により法人化を求めているかです。分類すると、次の４つに大別されます。

①税金対策

②業務拡大～取引先への信用増大

③人事対策～雇用するための信用増大

④融資対策～金融機関への信用増大

詳細に検討します。

まず①ですが、現在はこの理由で法人化を目指すパターンが最も多いと思われます。つまり規模が大きくなってそろそろ節税のために法人化をしたらどうかというケースです。行政機関などのアドバイスでは、通常、農業所得（＊５）が800万円から1,000万円ぐらいになった時点で法人化を進めるようです。ただ、農業以外の産業であれば、事業計画を立て、現状ではさほど大きくない規模であっても事業計画に則って会社形態を選択することもあります。今後農業が国際的にも戦えるような産業になるためには、単純に売り上げが伸びてきたから法人化ということだけではなく、事業計画に則った計画的な法人化という考え方も必要だと思われます。

＊5　農業経営によって得られた収益金額から農業経営に要した一切の経費を控除した金額です。専従者控除も認められているので、家族経営であっても純粋な家族収入ではないかもしれません（詳細は巻末資料2参照）。

次に②ですが、今後このきっかけにより法人化を目指す農業者が増加すると思われます。これまで売り先はJAのみのいわゆる「全量JA出荷」であった農業者も徐々に販売先の多様化を図っています（全量出荷でなければ出荷を認めないJAも多くあるので、その地域により事情は変わります。）。また1次産業に属する農家が2次産業、3次産業に進出するいわゆる6次産業化などを行い、その商品を量販店などに卸す農業者も徐々に増加しています。そのような場合の販売先への信用力増大のために法人化を目指すケースなどです。

JAは、（これはいい面でもあり、悪い面でもあると思いますが）JA加入農家であれば、ある程度信用にかかわらず一律に取引をすることができます。しかしJA以外の取引先の場合は、信用力の審査があり、その審査を通らなければ取引ができないという場合も多く、その面からは法人化をした方が有利にビジネスを進められます。JAは、取引開始のハードルは低いですが、公平性の観点から一定の品質以上の農作物は同じ買取価格になるため良い農作物を作ったからと言って必ずしもダイレクトに高い販売価格につながらない仕組みになっており、より良い農作物を作ろうと努力している農家にとっては、モチベーションを維持しにくいようです。

近年は、農業に興味を持つ若年層は増加しています。農業を就職先と考える人が増加しています。しかし、同時に雇用に対しては安定を求める人も増加しています。優秀な人材を確保するために農業者も法人化をして福利厚生を充実させる必要が増しているのです。それが③の人事対策のきっかけということです。

その他人事面がきっかけの法人化の具体的な例として最近多いのは、親が引退するにあたって跡を継いできた子どものみならずその兄弟が戻ってきて兄弟で農業に従事するというケースです。跡を継ぐ世代は個人としての規模ではなくある程度大規模化したいという希望はあるのですが、労働者を雇うというところまではできず、当面は兄弟に戻ってきてもらい事業を拡大するというケースなどです。このような場合、例えば弟が兄から給料をもらうという形ではなく、法人を設立しそこからお互いが給料を得るという形の方がお互いの独立性が保て、うまくいきます。こんなケースなども人事面からの法人化の一例です。

最後に④の融資対策についてです。これまでの農業者は、販売面のみならず、融資についてもかなりの部分をJAに頼ってきました。今後は、市中の民間金融機関からの融資も増加して借入先の多様化が進んでくるものと思われます。通常の金融機関は、個人借り入れよりも法人借り入れの方が審査について有利になっています。そのきっかけからも法人化は増えてくると思われます。

農業においては漠然と法人化が一つのゴールのように考えられています。しかし、当然ですが、それはゴールではなく、また通過点でもなくむしろスタートラインです。なぜこのレースを始めるのか、スタートラインに立つ理由を明確にすることは、今後の法人化のスキームを考える上で大変重要なことです。

４．他業種からの農業参入

近年は、飲食業、食品小売業、土木建築業などを中心に異業種から農業に参入するケースが増加しています。参入の理由は様々です。例えば小売業者であれば、農作物の年間を通しての安定供給と安定価格を目指して農業を行う子会社を作ることがあります。また、飲食業であれば、他店との差別化を図るために、農業に進出し、めずらしい農作物の栽培を目論むケースがあります。土木建築業者などは、本業での波を農業と兼業することで平準化しているようです。

このような他業種からの農業への進出の場合、農地を解除条件付き使用貸借または賃貸借により取得するということで計画を立てれば、通常の株式会社の設立手続とさほど変わりはないのですが、農地を解除条件無しの契約で借りようとする場合や所有権取得することを目指すのであれば、後に説明するような農地所有適格法人として要件を整えることに注意して設立計画を立てなければなりません。農業者であればその要件を当然に備えているものであっても、他業種からの進出の場合には要件を満たしている法人設立計画であるかどうか十分に気を付けなければなりません。特にオーナー企業の中小企業の場合、構成員要件、業務執行役員要件を整えていない法人設立計画が多いので、注意が必要です。

5．農地所有適格法人（株式会社）設立

農地所有適格法人設立形態として大部分を占める株式会社形態と農事組合法人形態の法人設立の手順及び注意点を説明します。

この後で、株式会社形態を中心に農地所有適格法人の４要件などの詳細説明を行い、その後、株式会社形態の農地所有適格法人の設立手順、注意点を解説します。まず、農地所有適格法人となるための４要件の詳細説明です。

⑴　法人形態要件

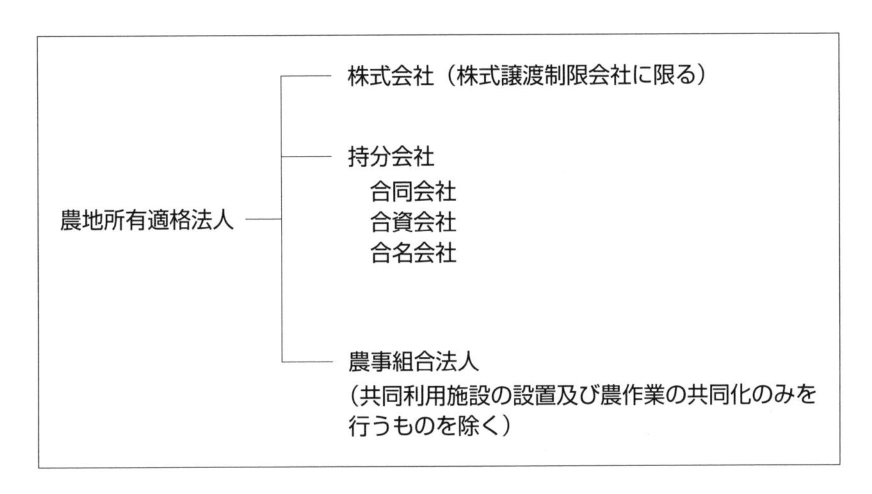

農地所有適格法人は、株式会社、持分会社、農事組合法人でなければなりませんが、特に株式会社は、公開会社ではなく、株式譲渡制限会社に限られています。つまり、全株式に対して譲渡制限がついている株式会社でなければ原則として農地を取得することができません。

また、農事組合法人は、その事業によって①共同利用施設の設置および農作業の共同化を行うもの（１号法人）と、②農業経営を共同で行うもの（２号法人・農業経営農事組合法人）に分けられます（農業協同組合法72条の10第１項１号・２号）。①と②の事業を行う農事組合法人及び②の事業のみを行う農事組合法人は、農地所有適格法人として農地を取得することができますが、①の事業のみを行う農事組合法人は、農地所有適格法人として認められず、農地を取得することができません。農事組合法人は組合員の出資がなくとも設立できますが、その場合は、共同利用施設の設置及び農作業の共同化を行うもの、いわゆる１号法人としてしか設立を認められません。

持分会社については、形態面では特に農地所有適格法人特有の規程はありません。定款の内容、形態要件の他の３要件は、株式会社に準じて注意が必要です。

⑵ 事業要件

売り上げの過半が、①農業、②農業関連事業、③農業と併せて行う林業でなければならない。(農地法２条３項１号)

農地所有適格法人は、主たる事業が農業でなければなりません。具体的に言うと、売り上げの過半が、①農業、②農業関連事業および③農業と併せて行う林業(農事組合法人にあっては農業と併せ行う農業協同組合法72条の10第１項１号の事業を含む。農地法２条３項１号)でなければなりません。

この中で、①農業は、自作した農畜産物の生産販売を指します。②の農業関連事業とは、法人の行う農業と一次的な関連を持ち、農業生産の安定発展に役立つものであり、具体的には、㋐農畜産物の貯蔵、運搬または販売、㋑農畜産物もしくは林産物を変換して得られる電気または農畜産物もしくは林産物を熱源とする熱の供給、㋒農業生産に必要な資材の製造、㋓農作業の受託、㋔農村滞在型余暇活動に利用されることを目的とする施設の設置および運営ならびに農村滞在型余暇活動を行う者を宿泊させること等農村滞在型余暇活動に必要な役務の提供、㋕農地に支柱を立てて設置する太陽光を電気に変換する設備の下で耕作を行う場合における当該設備による電気の供給などです(農地法施行規則２条)。

注意しなければならないのは、農作物を扱っているからといって、当該法人が生産していない農畜産物を他の農家から集め、加工・販売・運搬・貯蔵することは農業関連事業としては認められないということです。具体的には農地所有適格法人として直売所の経営を始める時などに、この要件を外さないか十分に注意が必要です。

その他、農業に当たらない例としては、キャンプ場の運営、造園業、除雪作業などがあります。

(3)　構成員要件

総議決権の過半は、主に以下の者が取得しなければならない。 ①法人の行う農業に常時従事する個人 ②農地の権利を提供した個人 ③農地中間管理機構を通じて法人に農地を貸し付けている個人 ④基幹的な農作業を委託している個人 ⑤地方公共団体、農地中間管理機構、農業協同組合、農業協同組合連合会 （農地法２条３項２号）

農地所有適格法人の構成員（株式会社では株主、農事組合法人では組合員、持分会社では社員を指します）は、前記枠内の者が議決権の過半を取得しなければなりません。

前記①の常時の期間の詳細は、農地法施行規則第９条に規定されていますが、150日以上従事していれば、常時従事者となります。

前記④の農作業とは、農作物を生産するために必要となる基幹的な作業に限定されており、④の構成員要件に適合するための基幹的な作業かどうかの判断が必要となります。

農業関係者以外の出資は、２分の１未満とされています。

⑷ 役員要件

> 株式会社における取締役、持分会社における業務を執行する社員、農事組合法人における理事の過半数は、① その法人の行う農業に常時従事する構成員でなければならない。なおかつ、② ①または農林水産省令で定める使用人の内１名以上は、その法人の行う農業に必要な農作業に一年間に農林水産省令で定める日数以上従事しなければならない。（農地法２条３項３号、４号）

役員は、その過半数の者が農業や関連事業に常時従事しなければなりませんが、常時従事とは、構成員要件の「常時従事」と同様、農地法施行規則第９条に規定されており、原則は150日以上の従事です。この場合は、農作業に従事していなくても、経営判断を行ったり、経理を行ったりすることでもその法人の事業に従事しているとみなされます。

また、前記の常時従事業務執行役員もしくは重要な使用人の内１名以上の者は、「農作業」に一定日数従事しなければなりません。この場合は農作業ですので、農作物を生産するために必要となる基幹的な作業でなくてなりません。一定日数は、農地法施行規則第８条に規定されていますが、原則60日以上となっております。

ここで農地所有適格法人ではなく、解除条件付きの賃貸借契約等で農地を利用する一般法人の業務執行役員の要件についても述べておきます。

前述したように農地所有適格法人でなくとも解除条件付きの契約を行えば一般法人でも農地を賃借等できます。ただし、次のような業務執行役員要件だけはクリアしなければなりません。「その法人の業務を執行する役員又は農林水産省令で定める使用人のうち、１人以上の者がその法人の行う耕作又は養畜の事業に常時従事すると認められること」（農地法３条３項３号）。これは必要最低限の要件であると思います。

次に株式会社形態の農地所有適格法人の設立について解説します。

定款の認証作業、登記手続については、通常の株式会社設立手続となんら相違点はありません。定款作成において若干の注意点があります。

まず、名称は「農地所有適格法人」という文字を名称に入れることもできますが、入れなくても構いません。農地所有適格法人の要件を整え農地を取得していれば、通称名として「農地所有適格法人　株式会社○○○○」と名乗ることができます。なお、登記上の名称中に農地所有適格法人という言葉を入れる時は、「株式会社　農地所有適格法人○○○○」などとなります。

特に注意が必要な部分は、目的です。まず、農地所有適格法人であるためには、農業を行うという目的は必須です。その逆に入れない方がいい事業内容もあります。例えば、「不動産の売買」、「産業廃棄物の処理」などです。会社法においても農地法においても特に規定として禁止条項があるわけではないのですが、会社設立後農地取得の段階で、農業委員会の許可が下りにくくなったり、農業経営基盤強化促進法における利用権設定がしにくくなったりする場合があります。

その他あえて注意をするとすれば、本店所在地です。「農地及び採草放牧地の全てを効率的に利用して耕作又は養畜の事業を行うと認められない場合」「必要な農作業に常時従事すると認められない場合」は、農業委員会の３条許可ができないことになっており（農地法３条２項１号、４号）、家族経営の法人化などで、耕作地が遠方の場合は、前記の規定に抵触しないか許可審査の時に質問されることがあります。

「全てを効率的に利用」するということは、実は非常に重要な文言で、例えば利用している耕作地の一部であっても耕作放棄地状態になっていると、「全てを効率的に利用」していないこととなり、それ以上の農地取得はできなくなります。

６．農事組合法人の設立

次に農事組合法人の設立ですが、まず、集落営農の組成についてお話しします。

「集落営農」について農林水産省のホームページでは次のとおり説明しています。「集落営農とは集落を単位として農業生産過程における一部又は全部についての共同化・統一化に関する合意の下に実施される営農」とは、具体的には、次のいずれかに該当する取組を行うものとされています。

(1) 集落で農業用機械を共同所有し、集落ぐるみのまとまった営農計画等に基づいて集落営農に参加する農家が共同で利用する
(2) 集落で農業用機械を共同所有し、集落営農に参加する農家から基幹作業受託を受けたオペレーター組織等が利用する
(3) 集落の農地全体を一つの農場とみなし、集落内の営農を一括して管理・運営する
(4) 地域の意欲ある担い手に農用地の集積、農作業の委託等を進めながら、集落ぐるみでのまとまった営農計画等により土地利用、営農を行う
(5) 集落営農に参加する各農家の出役により、共同で農作業を行う
(6) 作付地の団地化等、集落内の土地利用調整を行う

農業者の高齢化、担い手不足の問題を解決するために国では、積極的に集落営農の整備を進め、さらには法人化を推進しています。集落営農が次のような要件を整えれば、「経営主体としての実体を有する集落営農組織」として国の支援対象とされてきました。

① 農作業を受託する組織であること
② 規約が作成されていること
③ 一元的な経理を行っていること
④ 中心となる者の目標農業所得額が定められ、かつその額が法人化後に一定水準以上の額を満たす計画であること
⑤ 農地所有適格法人化計画を有すること

つまり法人格は持っていないものの、国としてはまず集落営農の段階でかなりしっかりした組織を作ることを推進しているのです。さらに、その集落営農が法人化することに対しても助成金を交付するなど積極的に推進してい

ます。農事組合法人は構成員の出資に関係なく一人一票制であり、構成員各人の意見が反映されやすい組織体であるため、集落営農の法人化に際して選択されやすい法人形態となっています。

それでは農事組合法人についてです。ここでは主に共同利用施設の設置及び農作業の共同化を行うもの（１号法人）ではなく、農業経営を共同で行うもの、いわゆる２号法人を前提に説明します。

農事組合法人は、農業協同組合法を根拠法令としており、第３章（農業協同組合法72条の４以下）に規定されています。農事組合法人は、農業特有の法人形態であるのみならず、非常に重要な組織形態です。次のとおり、定款例に沿って説明をします。なお、農林水産省のホームページに詳細な解説とともに農事組合法人の定款例が掲載されています。

農事組合法人○○○○定款

第１章　総則

（目的）

第１条　この組合は、組合員の農業生産についての協業を図ることによりその生産性を向上させ、組合員の共同の利益を増進することを目的とする。

＊株式会社の定款における「目的」とは違います。農業協同組合法第72条の４に規定されている条文をなぞる内容で、いわゆる理念のようなものです。同条では、「組合員の農業生産についての協業を図ることによりその共同の利益を増進することを目的とする。」（農業協同組合法72条の４）となっています。株式会社の目的にあたるものは、農事組合法人の定款においては、「事業」の項目です。

（名称）
第２条　この組合は、農事組合法人〇〇〇〇という。

＊農事組合法人は、その名称中に「農事組合法人」という文字を入れなければならず（農業協同組合法72条の５第１項）、農事組合法人ではない法人は、名称中に「農事組合法人」という文字を入れてはなりません（同条２項）。

（地区）
第３条　この組合の地区は、栃木県宇都宮市の□□、☆☆、★★の区域とする。

＊地区の範囲は、株式会社の定款にはない規定ですが、農事組合法人の定款では絶対的記載事項とされています（農業協同組合法72条の16第１項１号、28条１項３号）。地区の範囲とは、組合員の住所がある最小行政区画（市町村区）またはそれ以下の区画を記載することとされ、最小行政区画が複数あるときは、これを列記することとされています。

（事務所）
第４条　この組合の事務所は、栃木県宇都宮市に置く。

＊事務所の所在地は、株式会社の本店所在地と同様、主たる事務所の所在地を最小行政区画まで記載すれば足りるとされています。

（農業協同組合への加入）
第５条　この組合は、〇〇〇農業協同組合に加入するものとする。

＊地域の農業協同組合が集落営農の農事組合法人化を推進することが多く、この条文が入るケースがあります。

（公告の方法）
第６条　この組合の公告は、この組合の掲示場に掲示してこれをする。

＊株式会社同様の公告方法のほか、主たる事務所の所在地における掲示板の掲示で公告とすることができます。

第２章　事業
（事業）
第７条　この組合は、次の事業を行う。
(1)　農業の経営
(2)　前号に掲げる農業に関連する事業であって、次に掲げるもの
①農産物を原料又は材料として使用する製造又は加工
②農産物の貯蔵、運搬又は販売
③農業生産に必要な資材の製造
④農作業の受託

＊農事組合法人の設立の時に最も注意しなければならない点は、この「事業」です。株式会社の目的にあたる部分です。農地所有適格法人であっても株式会社の形態であれば、農業以外の事業を目的に入れることができます。総売り上げの２分の１未満という要件はあるものの例えば文房具販売業であるとか、人材派遣業であるとか、全く農業に関連しない事業でも目的とすることができます。それに対して、農事組合法人の場合、「組合員の農業生産についての協業を図ることによりその共同の利益を増進することを目的とする。」（農業協同組合法72条の４）と決まっているため、農業以外の事業を行うことができません。広く他の農家からも原料を仕入れる農村レストランの経営など６次産業化などで他業種に進出しようと計画している場合、あらかじめ別法人の設立や、後述するような農事組合法人から株式会社形態の農地所有適格法人への組織変更を念頭に置くか、初めから株式会社形態の農地所有

適格法人を選択しておく必要があります。

また農林水産省の指導で、現に行わない事業は削ることとなっています。通常の株式会社の目的を決める時などは、とりあえず行う可能性のある事業に関する目的は入れ込んでおくこともありますが、農事組合法人の場合そういったことはできないので注意が必要です。

(員外利用)
第８条　この組合は、組合員の利用に差し支えない限り、組合員以外の者に前条第１号の事業を利用させることができる。ただし、組合員以外の者の利用は、農業協同組合法（以下「法」という）第72条の10第３項に規定する範囲内とする。

第３章　組合員
(組合員の資格)
第９条　この組合の組合員たる資格を有するものは、次に掲げる者とする。
(1)　農業を営む個人であって、その住所又はその経営に係る土地若しくは施設がこの組合の地区内にあるもの
(2)　農業に従事する個人であって、その住所又はその従事する農業に係る土地若しくは施設がこの組合の地区内にあるもの
(3)　農業協同組合及び農業協同組合連合会で、その地区にこの組合の地区の全部又は一部を含むもの
(4)　この組合に農業経営基盤強化促進法（昭和55年法律第65号）第７条第３号に掲げる事業に係る現物出資を行った農地中間管理機構
(5)　この組合からその事業に係る物資の供給若しくは役務の提供を継続して受ける個人
(6)　この組合に対してその事業に係る特許権についての専用実施権の

設定又は通常実施権の許諾に係る契約、新商品又は新技術の開発又は提供に係る契約、実用新案権についての専用実施権の設定又は通常実施権の許諾に係る契約及び育成者権についての専用利用権の設定又は通常利用権の許諾に係る契約を締結している者

2　この組合の前項第1号又は第2号の規定による組合員が農業を営み、若しくは従事する個人でなくなり、又は死亡した場合におけるその農業を営まなくなり、若しくは従事しなくなった個人又はその死亡した者の相続人であって農業を営まず、若しくは従事しないものは、この組合との関係においては、農業を営み、又は従事する個人とみなす。

＊農地所有適格法人である株式会社の株主に一定の規定があるように、農事組合法人の組合員たる資格も法に次のような規定があります（農業協同組合法72条の13第1項）。

1．農民

2．組合

3．当該農事組合法人に農業経営基盤強化促進法第七条第三号に掲げる事業に係る現物出資を行つた農地中間管理機構

4．当該農事組合法人からその事業に係る物資の供給もしくは役務の提供を受ける者又はその事業の円滑化に寄与する者であって、政令で定めるもの

また、前記4の組合員は、総組合員の3分の1を超えてはならないという規定があり（同条3項）、株式会社形態の農地所有適格法人とは異なった要件となっています。

（加入）

第10条　この組合の組合員になろうとする者は、引き受けようとする出資の口数、この組合の事業に常時従事するかどうか及び農地等についての権利（農地又は採草放牧地についての所有権、地上権、永小作

権、使用貸借による権利又は賃借権をいう。以下同じ。）をこの組合に移転し、又はこの組合のために設定する場合にあっては、その農地等についての権利を記載した加入申込書をこの組合に提出しなければならない。

2　この組合は、前項の加入申込書の提出があったときは、総会でその加入の諾否を決する。

3　この組合は、前項の規定によりその加入を承諾したときは、その旨を申込者に通知し、出資の払込みをさせるとともに、組合員名簿に記載するものとする。

4　加入の申込みをした者は、前項の規定による出資の払込みをした時に組合員となる。

5　出資の口数を増加しようとする組合員については、第１項から第３項までの規定を準用する。

（持分の譲渡）

第11条　組合員は、この組合の承認を得なければ、その持分を譲り渡すことができない。

2　組合員でない者が持分を譲り受けようとするときは、第10条第１項から第４項までの規定を準用する。ただし、同条第３項の出資の払込みは必要とせず、同条第４項中「出資の払込み」とあるのは「通知」と読み替えるものとする。

（相続による加入）

第12条　組合員の相続人で、その組合員の死亡により、持分の払戻請求権の全部を取得した者が、相続開始後60日以内にこの組合に加入の申込みをし、組合がこれを承諾したときは、その相続人は被相続人の持分を取得したものとみなす。

２　前項の規定により加入の申込みをしようとするときは、当該持分の払戻請求権の全部を取得したことを証する書面を提出しなければならない。

（脱退）
第13条　組合員は、60日前までにその旨を書面をもってこの組合に予告し、当該事業年度の終わりにおいて脱退することができる。
２　組合員は、次の事由によって脱退する。
⑴　組合員たる資格の喪失
⑵　死亡又は解散
⑶　除名

（除名）
第14条　組合員が次の各号のいずれかに該当するときは、総会の議決を経てこれを除名することができる。この場合には、総会の日の10日前までにその組合員に対しその旨を通知し、かつ、総会において弁明する機会を与えなければならない。
⑴　第９条第１項第１号の規定による組合員が、正当な理由なくして１年以上この組合の事業に従事しないとき。
⑵　この組合に対する義務の履行を怠ったとき。
⑶　この組合の事業を妨げる行為をしたとき。
⑷　法令、法令に基づいてする行政庁の処分又はこの組合の定款若しくは規約に違反し、その他故意又は重大な過失によりこの組合の信用を失わせるような行為をしたとき。
２　この組合は、除名を議決したときは、その理由を明らかにした書面をもって、その旨をその組合員に通知しなければならない。

（持分の払戻し）

第15条　組合員が脱退した場合には、組合員のこの組合に対する出資額（その脱退した事業年度末時点の貸借対照表に計上された資産の総額から負債の総額を控除した額が出資の総額に満たないときは、当該出資額から当該満たない額を各組合員の出資額に応じて減算した額）を限度として持分を払い戻すものとする。

2　脱退した組合員が、この組合に対して払い込むべき債務を有するときは、前項の規定により払い戻すべき額と相殺するものとする。

（出資口数の減少）

第16条　組合員は、やむを得ない理由があるときは、組合の承認を得て、その出資の口数を減少することができる。

2　組合員がその出資の口数を減少したときは、減少した出資の口数に係る払込済出資金に対する持分額として前条第1項の例により算定した額を払い戻すものとする。

3　前条第2項の規定は、前項の規定による払戻しについて準用する。

第4章　出資

（出資義務）

第17条　組合員は、出資1口以上を持たなければならない。ただし出資総口数の100分の50を超えることができない。

*出資口数の上限制限について、以前は農林水産省の定款例で100分の50が上限となっていたので、それが実務上の上限となっていました。公平性を担保する上で、たとえ一人一票であっても出資が過半数を超えることは好ましくないという考え方だったようです。

（出資１口の金額及び払込方法）
第18条　出資１口の金額は、金10,000円とし、全額一時払込みとする。

＊通常の株式会社の出資は設立時に全額出資しますが、農事組合法人の場合、分割での払い込みが認められています。その場合、次のような条文例となります。

第18条　出資１口の金額は、金○○円とし、３回分割払込みとする。ただし、全額一時に払い込むことを妨げない。
2　出資第１回の払込金額は、１口につき金○○円以上とし、第２回以後の出資の払込みについては、第１回の出資払込みの事業年度の次の事業年度の○月までに残額の２分の１以上を払い込むものとし、その次の事業年度の○月までに残額の全部を払い込むものとする。
3　組合員は、前２項の規定による出資の払込みについて、相殺をもってこの組合に対抗することができない。

第５章　役員
（役員の定数）
第19条　この組合に、役員として、理事４人及び監事３人を置く。

（役員の選任）
第20条　役員は、総会において選任する。
2　前項の規定による選任は、総組合員の過半数による議決を必要とする。
3　理事は、第９条第１項第１号の規定による組合員でなければならない。

（役員の解任）
第21条　役員は、任期中でも総会においてこれを解任することができる。

（代表理事の選任）
第22条　理事は、代表理事１人を互選するものとする。

＊代表理事は登記事項ではありません。代表理事を置くことは可能ですが、法令に基づく役職ではないため、代表理事を選任したとしても、理事全員に法令による代表権が付与されています。

（理事の職務）
第23条　代表理事は、この組合を代表し、その業務を統括する。
２　理事は、あらかじめ定めた順位に従い、代表理事に事故あるときはその職務を代理し、代表理事が欠員のときはその職務を行う。

（理事の決定事項）
第24条　次に掲げる事項は、理事の過半数でこれを決する。
(1)　業務を運営するための方針に関する事項
(2)　総会の招集及び総会に付議すべき事項
(3)　役員の選任に関する事項
(4)　固定資産の取得又は処分に関する事項

（監事の職務）
第25条　監事は少なくとも毎事業年度１回この組合の財産及び業務執行の状況を監査し、その結果につき、総会及び代表理事に報告し、意見を述べなければならない。

2　財産の状況又は業務の執行について、法令、定款に違反し、又は著しく不当な事項があると認めるときは、所管行政庁に報告しなければならない。

（役員の責任）

第26条　役員は、法令、法令に基づいてする行政庁の処分、定款等及び総会の決議を遵守し、組合のため忠実にその職務を遂行しなければならない。

2　役員は、その職務上知り得た秘密を正当な理由なく他人に漏らしてはならない。

3　役員がその任務を怠ったときは、この組合に対し、これによって生じた損害を賠償する責任を負う。

4　役員がその職務を行うについて悪意又は重大な過失があったときは、その役員は、これによって第三者に生じた損害を賠償する責任を負う。

5　次の各号に掲げる者が、その各号に定める行為をしたときも、前項と同様とする。ただしその者がその行為をすることについて注意を怠らなかったことを証明したときは、この限りでない。

⑴　理事　次に掲げる行為

イ　法第72条の25第1項の規定により作成すべきものに記載し、又は記録すべき重要な事項についての虚偽の記載又は記録

ロ　虚偽の登記

ハ　虚偽の公告

⑵　監事　監査報告に記載し、又は記録すべき重要な事項についての虚偽の記載又は記録

6　役員が、前3項の規定により、この組合又は第三者に生じた損害を賠償する責任を負う場合において、他の役員もその損害を賠償する責

任を負うときは、これらの者は、連帯債務者とする。

（役員の任期）

第27条　役員の任期は、就任後3年以内に終了する最終の事業年度に関する通常総会の終了の時までとする。ただし、補欠選任及び法第95条第2項の規定による改選によって選任される役員の任期は、退任した役員の残任期間とする。

2　前項ただし書の規定による選任が役員の全員にかかるときは、その任期は、前項ただし書の規定にかかわらず、就任後3年以内に終了する最終の事業年度に関する通常総会の終結の時までとする。

3　役員の数がその定数を欠いた場合には、任期の満了又は辞任により退任した役員は、新たに選任された役員が就任するまで、なお役員としての権利義務を有する。

＊役員（理事及び監事）の任期は、3年以内と規定されています（農業協同組合法31条）。

（特別代理人）

第28条　この組合と理事との利益が相反する事項については、この組合が総会において選任した特別代理人がこの組合を代表する。

第6章　総会

（総会の招集）

第29条　理事は、毎事業年度1回2月に通常総会を招集する。

2　理事は、次の場合に臨時総会を招集する。

(1)　理事の過半数が必要と認めたとき。

(2)　組合員がその5分の1以上の同意を得て、会議の目的とする事項及び招集の理由を示して招集を請求したとき。

3　理事は、前項第2号の規定による請求があったときは、その請求があった日から10日以内に、総会を招集しなければならない。

4　監事は、財産の状況又は業務の報告について不正の点があることを発見した場合において、これを総会に報告するため必要と認めたときは、総会を招集する。

（総会の招集手続）

第30条　総会招集の通知は、その総会の日の5日前までに、その会議の目的たる事項を示してこれを行うものとする。

（総会の議決事項）

第31条　次に掲げる事項は、総会の議決を経なければならない。

(1)　定款の変更

(2)　規約の設定、変更及び廃止

(3)　毎事業年度の事業計画の設定及び変更

(4)　事業報告、貸借対照表、損益計算書及び剰余金処分案又は損失処理案

(5)　団体への加入（上都賀農業協同組合への加入を除く。）又は団体からの脱退

(6)　持分の譲渡又は出資口数の減少の承認

（総会の定足数）

第32条　総会は、組合員の半数以上が出席しなければ、議事を開き議決することができない。この場合において、第36条の規定により、書面又は代理人をもって議決権を行う者は、これを出席者とみなす。

＊農事組合の議決権は、出資割合にかかわらず、一人一個となっています（農業協同組合法72条の14第1項）。

（緊急議案）
第33条　総会では、第30条の規定によりあらかじめ通知した事項に限って、議決するものとする。ただし、第35条各号に掲げる事項を除き、緊急を要する事項についてはこの限りでない。

（総会の議事）
第34条　総会の議事は、出席した組合員の議決権の過半数でこれを決し、可否同数のときは、議長の決するところによる。
2　議長は、総会において、出席した組合員の互選により選任する。
3　議長は、組合員として総会の議決に加わる権利を有しない。

（特別議決）
第35条　次の事項は、総組合員の３分の２以上の多数による議決を必要とする。
(1)　定款の変更
(2)　解散及び合併
(3)　組合員の除名
(4)　役員の解任

（書面又は代理人による議決）
第36条　組合員は、書面又は代理人をもって議決権を行うことができる。
2　前項の規定により書面をもって議決権を行おうとする組合員は、あらかじめ通知のあった事項につき、書面にそれぞれ賛否を記入してこれに署名又は記名押印の上、総会の日の前日までにこの組合に提出しなければならない。
3　第１項の規定により組合員が議決権を行わせようとする代理人は、

その組合員と同一世帯に属する成年者又は他の組合員でなければならない。

４　代理人は、２人以上の組合員を代理することができない。

５　代理人は、代理権を証する書面をこの組合に提出しなければならない。

（議事録）

第37条　総会の議事については、議事録を作成し、次に掲げる事項を記載し、又は記録しなければならない。なお、議事録が書面をもって作成されているときは、議事録作成理事、議長、出席理事及び監事は、これに署名又は記名押印し、議事録が電磁的記録をもって作成されているときは、電子署名するものとする。

⑴　開催の日時及び場所

⑵　議事の経過の要領及びその結果

⑶　出席した理事及び監事の氏名

⑷　議長の氏名

⑸　議事録を作成した理事の氏名

⑹　前各号に掲げるもののほか、農林水産省令で定める事項

第７章　会計

（事業年度）

第38条　この組合の事業年度は、毎年１月１日から翌年12月31日までとする。

（剰余金の処分）

第39条　剰余金は、利益準備金、資本準備金、任意積立金、配当金及び次期繰越金としてこれを処分する。

（利益準備金）

第40条　この組合は、出資総額と同額に達するまで、毎事業年度の剰余金（繰越損失金のある場合はこれをてん補した後の残額第42条第1項及び第43条第1項において同じ。）の10分の1に相当する金額以上の金額を利益準備金として積み立てるものとする。

（資本準備金）

第41条　減資差益及び合併差益は、資本準備金として積み立てなければならない。ただし、合併差益のうち合併により消滅した組合の利益準備金その他当該組合が合併直前において留保していた利益の額については資本準備金に繰り入れないことができる。

（任意積立金）

第42条　この組合は、毎事業年度の剰余金から第40条の規定により利益準備金として積み立てる金額を控除し、なお残余があるときは、任意積立金として積み立てることができる。

2　任意積立金は、損失金のてん補又はこの組合の事業の改善発達のための支出その他の総会の議決により定めた支出に充てるものとする。

（配当）

第43条　この組合が組合員に対して行う配当は、組合員がこの組合の事業に従事した程度に応じてする配当とし、その事業年度において組合員がこの組合の営む事業に従事した日数及びその労務の内容、責任の程度等に応じてこれを行う。

2　前項の配当は、その事業年度の剰余金処分案の議決する総会の日において組合員である者について計算するものとする。

３　配当金の計算上生じた１円未満の端数は、切り捨てるものとする。

＊農事組合における剰余金の配当は、事業の利用分量の割合に応じて支払う（利用分量配当）、組合員がその事業に従事した程度に応じて支払う（従事分量配当）、出資割合に応じて支払う（出資配当）の３パターンの支払い形態があります。出資配当のみのケースはありませんが、利用分量配当のみ、従事分量配当のみのほか、３パターンの配当方法を組み合わせる配当をすることもできます。その配当支払いの形態によって配当の条文は変わってきます。

（損失金の処理）
第44条　この組合は、事業年度末に損失金がある場合には、任意積立金、利益準備金及び資本準備金の順に取り崩して、そのてん補に充てるものとする。

第８章　雑則
（残余財産の分配）
第45条　この組合の解散のときにおける残余財産の分配の方法は、総会においてこれを定める。
２　第15条第２項の規定は、前項の規定による残余財産の分配について準用する。
３　持分を算定するに当たり、計算の基礎となる金額で１円未満のものは、これを切り捨てるものとする。

（規約）
第46条　次の事項は、定款で定めるものを除いて規約でこれを定める。
(1)　総会に関する規定
(2)　業務の執行及び会計に関する規定

(3) 組合員に関する規定
(4) 役員に関する規定
(5) 職員に関する規定
(6) 前各号に定めるもののほか定款の実施に関して必要な規定

附則
　この組合の設立当初の役員は、第20条の規定にかかわらず次のとおりとする。

理事　○○○○、○○○○、○○○○

監事　○○○○

＊農事組合法人に関するその他の主な留意点です。
①発起人は、３人以上と規定されています（農業協同組合法72条の32第1項）。組合員が何らかの原因により３人未満となった時、そのなった日から引き続き６か月間３人以上にならなかった場合は、６か月経過後に法定解散となります（農業協同組合法72条の34第1項）。

②農業の経営を行う、いわゆる２号農事組合法人では、常時従事者は、組合員と組合員と同一の世帯に属するもの以外の者の数は、その常時従事する者の数の３分の２を超えてはいけません（同法72条の12）。例えば、12人の常時従事者がいた場合は、組合員と、組合員と同一の世帯に属する従事者を合わせて４人以上でなければなりません。

③農事組合法人は、設立した時は、設立の日から２週間以内に、登記事項証

明書及び定款を添えて、その旨を行政庁に届け出なければなりません（同法72条の32第４項。具体的には、都道府県知事または、農林水産大臣への届け出となります）。株式会社形態の農地所有適格法人とは異なりますので、注意が必要です。

また、設立登記の前提として公証人による定款の認証は必要ありません。

7．農事組合法人から株式会社への組織変更

最後に農事組合法人から株式会社への組織変更についてお話しします。

前述したように農事組合法人は、「組合員の農業生産についての協業を図ることによりその共同の利益を増進することを目的とする。」（農業協同組合法72条の４）とされているため、原則的には農業以外の事業を行うことができません。集落や複数戸の農家が共同で事業を始める場合、出資の割合にかかわらず、各人の発言権が等しく認められる農事組合法人は、取り掛かりやすいのですが、事業が高度化、複雑化してくると、発展性が少なく小回りが利きにくい組合形態は運営しにくくなってきます。

近年、国が積極的に、６次産業化など、農家に対して経営の多角化を奨励しているため、大規模な農家レストランや、農家民宿、太陽光発電を畑などに設置して売電事業を行うなどの例が増えています。

農事組合法人がそのような計画を持った場合、「出資農事組合法人は、その組織を変更し、株式会社になることができる。」（同法73条の２）という規定があり出資を受けている農事組合法人については、株式会社への組織変更が認められています。

ちなみに株式会社から農事組合法人への組織変更は認められていません。そのため、前述したように一戸農家であってもまず、農事組合法人の形態から法人化する農家もあるのです。

農家の所得を上げるために政策的に、６次産業化などの施策が強く推進されています。今後は農業以外の分野に進出する農家が増加すると予想されま

す。農業しかできない農事組合法人を株式会社に組織変更するといったケースもかなり増えてくるのではないでしょうか。

それでは、具体的な手続です。

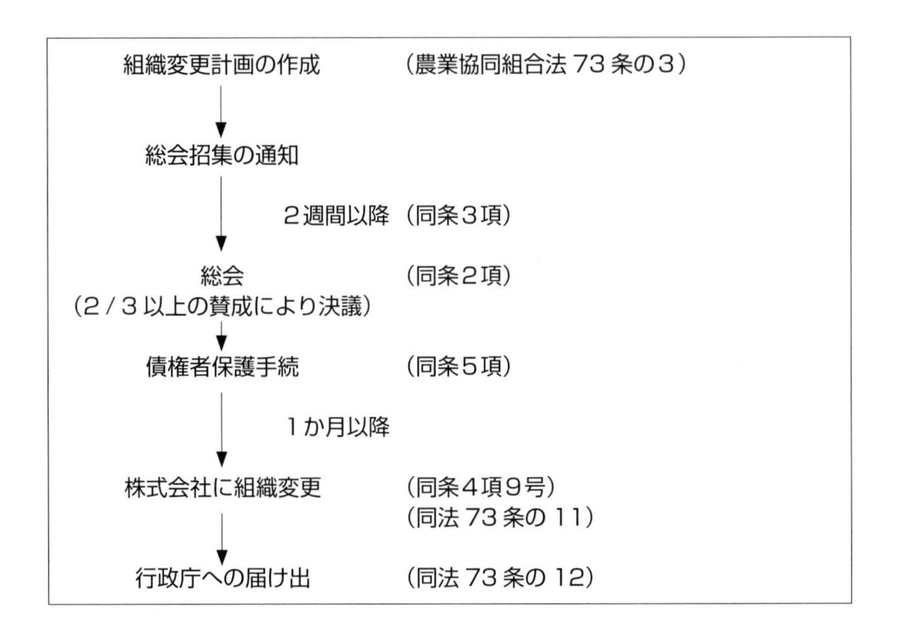

① 組織変更計画を作成します。組織変更計画にて定めなければならない事項は、農業協同組合法 73 条の３に法定されています（同条４項）。

② 総会を開催し、組織変更計画を承認します。開催日の２週間以上前に開催の通知をしなければなりません（同条３項）。

組織変更計画の承認決議は、３分の２以上の賛成による特別決議です（同条２項）。ちなみにその他特別決議によるものは、(ア)定款の変更、(イ)農事組合法人の解散及び合併、(ウ)組合員の除名です（同法 72 条の 30）。

③ 債権者保護手続を行います（同法 73 条の３第６項）。「組織変更をする旨」を官報に公告し、重ねて日刊紙での公告を行うなどしない限り、原則として知れたる債権者などにも通知しなければなりません。債権者が異議を述

べることができる期間は、１か月以上でなければなりません。

総会に先立って書面をもって組織変更に反対の意思を示したものは、組織変更の議決の日から20日以内に書面をもって持分の払い戻し請求をすることにより、組織変更の日に当該農事組合法人を脱退することができます（同法73条の４）。

④　組織変更計画で定めた効力発生日をもって当該農事組合法人は、株式会社形態の農地所有適格法人となります（同法73条の３第４項10号、73条の８）。

⑤　効力発生日より２週間以内に、組織変更前の農事組合法人については、主たる事務所の所在地において解散の登記をし、組織変更後の株式会社については本店の所在地において設立の登記をしなければなりません（同法73条の９）。

また、組織変更をした旨を、遅滞なく、行政庁に届け出なければなりません（同法73条の10）。この登記の届出をもって、名実ともに会社法に規定のある株式会社となるのです。

⑥　このほか、「組織変更事項を記載した書面の備置き及び閲覧」に関する規定（同法74条）や、「組織変更無効の訴え」は、会社法に準ずるといった規定があります（同法75条）。

第５章　法人化の支援　２
―税法関連―

１．税務面から考慮する農業法人設立の意義

個人の農業者が法人化する上で重要なことは何を目的として法人化を目指すのかということです。個人事業の場合は税務上、事業主が死亡すれば廃業となり、後継者が経営資産を相続により引き継ぎ、事業承継するのが一般的です。しかしながら、遺言書等によりスムーズに経営資産の引継が行われた場合は問題ないかもしれませんが、事業を承継しない他の相続人に資産が分散してしまった場合などは、事業規模の縮小や賃借料の支払による資金繰りの悪化が懸念されます。ある意味、個人事業とはその個人による事業であり、事業主が商売を辞めたといえばそれまでとなるため事業の継続性、安定経営に不安が残ります。

経営主体を法人とする理由の一つに、対外的な信用力の向上が挙げられます。会社法においても事業を商行為とすることが明文化されております。また、中小企業会計要領等の一定の会計ルールに基づいた決算書を作成することにより個人事業に比べ、財務状況が明確化され経営分析が行いやすくなります。

労働者の雇用に関しても、社会保険加入などによる福利厚生の充実、法人格による信用力などから個人事業よりも優秀な人材が集めやすくなると考えられます。

社会保険料は保険料の約２分の１を法人が負担するため、加入による経費コストは増加しますが、前記のとおり、雇用の確保、将来の年金受給額の増

加分を考えれば事業運営上、必要な経費なのではないでしょうか。

税務面においても、個人事業者本人の所得は事業上の必要経費とはなりませんが、法人の役員として役員報酬を支出すれば損金となります。また、個人事業の場合は累進税率による課税方式であるのに対し、法人では定率による課税方式となっており、個人課税が法人課税を上回る税率の場合はその税率差が法人有利となります。税務上のメリットを受けるには相応の所得が必要ですが、法人化を考える上で重要な検討事項です。

経営管理面、信用力の向上、税務面、事業承継など法人化する目的はさまざまかと思いますが、どこに重点をおいて法人化するのかを考えると、今後の事業計画等が立案しやすくなると思います。

2．個人事業と農地所有適格法人による経営比較

個人事業と農地所有適格法人を経営上比較した場合は次の相違点があります。

※農地所有適格法人は株式会社を想定して作成しております。

項目	農地所有適格法人	個人事業
税務関係	1．法人税適用となり、所得税・住民税軽減	1．法人と個人での所得分散不可
	2．役員給与支払により給与所得控除が受けられる。	2．事業主の所得は必要経費算入不可
	3．役員退職金支払いにより退職所得控除が受けられる。勤務実績による支給が可能。	3．事業主の退職金は制度加入によるものに限られる。家族労働者の退職金は不可。
	4．青色欠損金の繰越控除10年（資本金1億円以下）	4．純損失の繰越控除3年（青色申告者）
	5．一定の生命保険料が全額または一部損金算入	5．保険料支出の多岐に関わらず生命保険料控除限度額までとなる。

	6．法人税定率課税（課税所得800万円まで15%）	6．所得税は累進課税のため所得増加に比例し税率アップ。
	7．設立後、消費税２期免税（一定の条件必要）	7．開業後、消費税２期免税（一定の条件必要）
	8．役員社宅（自宅）賃料の法人支払可能（本人より一定の金額徴収）	8．自宅賃料は経費計上不可
	9．出張旅費日当支払可能	9．事業主本人の出張旅費日当は経費計上不可
	10．減価償却費は償却限度範囲内で任意償却が可能。	10．減価償却費は強制償却となり赤字の場合でも経費に算入しなければならない。
	11．決算月を選択できる。	11．すべて12月決算。
	12．赤字でも法人住民税の均等割納税。（自治体により異なるが最低70,000円）	12．赤字の場合は個人所得税・住民税はかからない。
	13．相続税・贈与税納税猶予の特例を受けた農地を法人が使用する場合、一定条件下にて猶予打切の可能性	13．農業相続人が特例農地等にて農業を続ける限り納税猶予は継続適用。
	14．法人所有の現預金は原則的にオーナー経営者が私的に使うことはできない。（個人に対する貸付金となる。）	14．事業用の現預金であっても財産の帰属先は事業主本人であり、自由に使うことができる。ただし、会社と個人の分離が図れず事業は小規模となる場合が多い
経営承継	1．法人所有資産は相続対象外	1．事業用財産はすべて個人所有資産
	2．相続による事業用財産の分散化を防止。事業継続安定	2．相続の度に事業用財産所有者を確定。事業継続不安
	3．株式の持分移動による計画的な相続対策可能	3．生前の財産所有者変更による贈与税負担
	4．事業承継税制により株式移転に係る相続、贈与税を一定割合まで納税猶予可能	4．納税猶予制度はあるものの棚卸資産、事業用資産に係る相続税が心配。

	5．経営移譲は代表者変更に係る手続で完了	5．農業相続人が再度開業手続。各種名義変更必要。手続煩雑
資金調達	1．融資枠が大きくなり事業拡大しやすい。	1．法人に比べ融資枠が小さい。
	2．社債による金融機関以外の資金調達可能	2．社債の発行不可
	3．家計と分離することで金融機関からの信用力が向上	3．会計上資金使途が不明確になりやすく信用力に欠ける。
各種保険制度	1．労災保険 強制加入（労働者）	1．労災保険 任意加入（労働者５人未満）
	2．雇用保険 強制加入（労働者）	2．雇用保険 任意加入（労働者５人未満）
	3．医療保険 社会保険強制加入	3．医療保険 国民健康保険 社会保険は任意加入
	4．年金 厚生年金強制加入	4．年金 国民年金・農業者年金（任意加入）
事業運営	1．信用力向上による取引先拡大の可能性	1．信用力は限定的
	2．役員就任等により経営責任が明確化	2．経営責任は個人事業者に限られ不安定
	3．「中小企業の会計に関する基本要領」等の適用により会計帳簿の信頼性向上	3．確定申告をするためだけの帳簿組織になり、説明能力に欠ける。
	4．複式簿記の記帳が義務となり、事務負担が増加する可能性。	4．単式簿記（収支計算）が認められており、法人ほどの専門知識が必要ない。
	5．設立には登録免許税等の法定費用及び資本金が必要となり、代表者変更など、登記事項に変更が生じた場合も登録免許税が必要。	5．開業に係る法定費用は必要ない。（許可事業除く）
	6．解散、清算する場合の法的手続きが煩雑。	6．比較的容易に事業を廃止できる。

３．農地所有適格法人設立後の各種届出書類（税務関係）

農地所有適格法人設立後は各諸官庁へ法人設立届や税務関係届出書・申請書の提出が必要となります。主な提出書類は、次のとおりです。

(1) 税務署に提出する書類

ア．法人設立届出書（要提出）

内国法人である普通法人を設立した場合は、設立の日以後２か月以内に「法人設立届出書」を提出しなければなりません（法人税法148条、同法施行規則63条）。

イ．青色申告の承認申請書（任意提出）

法人設立事業年度より法人税の確定申告書、中間申告書等を青色申告書によって提出することの承認を受けようとする場合は設立の日以後３月を経過した日と当該事業年度終了の日とのうちいずれか早い日の前日までに提出します。

なお、本申請書の提出を省略した場合は、法人税の確定申告書等を白色申告書によって提出することになるため、青色申告による税務特典を受けることができません。同時に白色申告の場合は税務調査において、必要に応じて所得を推計し課税できることとされており、課税庁の指摘事項について抗弁することは難しいと思われます（法人税法121条１項、122条、同法施行規則52条）。

ウ．給与支払事務所の開設届出書（要提出）

給与の支払者が、国内において給与等の支払事務を取り扱う事務所等を開設した場合には事実があった日から１か月以内の提出が必要です（所得税法230条、同法施行規則99条）。

エ．源泉所得税の納期の特例の承認に関する申請書（任意提出）

源泉所得税は、原則として徴収した日の翌月10日が納期限となっていますが、この申請は、給与の支給人員が常時10人未満である源泉徴収義務者が、給与や退職手当、税理士等の報酬・料金について源泉徴収をした所得税及び復興特別所得税について、次のように年２回にまとめて納付できるという特例制度を受けるために行う手続です（所得税法216条、217条１項・２項）。

１月から６月までに支払った給与から源泉徴収をした所得税及び復興特別所得税……７月10日納期限

７月から12月までに支払った給与から源泉徴収をした所得税及び復興特別所得税……翌年１月20日納期限

原則として、申請書を提出した日の翌月に支払う給与等から適用されます。なお、原則どおり徴収した源泉所得税及び復興特別所得税を翌月10日までに納税する場合は提出の必要はありません。

オ．消費税の新設法人に該当する旨の届出書（設立状況により要提出）

新規設立した法人の事業年度開始の日における資本金の額又は出資の金額が1,000万円以上である法人は設立事業年度より消費税の課税事業者となりますので、当該届出書の提出が必要です（消費税法12条の２、57条）。

カ．棚卸資産の評価方法の届出（任意提出）

棚卸資産の評価方法を選定して届け出る場合の手続です。設立第１期の確定申告書の提出期限（合併により設立された法人が法人税法72条に規定する仮決算をした場合の中間申告書を提出するときは、その中間申告書の提出期限）までに提出します。原則として第１期確定申告書の提出期限は事業年度末日の２か月後となります（法人税法29条２項、同法施行令29条）。

提出を省略した場合の棚卸資産に係る評価方法は最終仕入原価法を採用することになります。最終仕入原価法による評価方法は他の評価方法に比べ容易に算出できることから農業所得者の多くが採用しているものと思われます。

キ．減価償却資産の償却方法の届出書（任意提出）

減価償却資産の償却方法を選定して届け出る手続です。設立第１期の確定申告書の提出期限（法人税法72条に規定する仮決算をした場合の中間申告書を提出するときは、その中間申告書の提出期限）までに提出します。

提出を省略した場合の減価償却資産に係る償却方法は法人の法定償却方法である定率法が採用されます（建物等除く。法人税法31条１項、同法施行令51条２項）。

ク．適格請求書発行事業者の登録申請書（任意提出）

法人設立事業年度よりインボイスの登録を受けようとする事業者が届け出る手続です。課税期間の初日から登録を受ける旨を記載した登録申請書を、設立事業年度の末日までに提出します。新規設立法人が免税事業者の場合には、消費税課税事業者選択届出書を併せて提出することが必要ですが、令和５年10月１日から令和11年９月30日までの日の属する課税期間中の登録は、登録期間の特例により消費税課税事業者選択届出書を提出する必要はありません（新消費税法施行令70条の４、新消費税法施行規則26の４、インボイス通達2-2）。

⑵　都道府県税事務所に提出する書類

法人設立・設置届出書（要提出）

各都道府県によって提出書類の名称は異なります。各都道府県内に所在する事業所等の設置、法人を設立した場合は都道府県ごとに定められた提出期限内に提出する必要があります。設立後、事務所等設置後すみやかに提出することをお勧めします。

⑶　市町村に提出する書類

法人設立・設置届出書（要提出）

各市町村によって提出書類の名称は異なります。市町村内に法人を設立、または事業所等を設置した場合は市町村毎に定められた提出期限内に提出する必要があります。東京都の場合に限り区役所への提出は必要ありません。設立後、事務所等設置後すみやかに提出することをお勧めします。

4．個人事業から法人への組織変更に伴う財産の引継

(1) 引継にあたっての留意事項

一般的に法人を設立するにあたり、事業形態の変更がなければ個人所有の事業用固定資産はすべて法人へ引き継いだ方が移行はスムーズなように思います。しかし、個人と法人は別人格であり、税務上、所得税における譲渡所得と譲渡資産に対する消費税の問題が生じるため、資産の移動は慎重に行う必要があります。

基本的に法人へ引き継ぐ固定資産は、設備を譲渡時の簿価で譲渡すれば譲渡所得は発生しません（補助金を受けて取得した機械等の固定財産を除く）。

消費税の問題としては、資産の引継は個人から法人へ資産を譲渡したことになり、消費税法上の課税取引となります。その為、個人事業者が消費税の課税事業者であった場合には課税資産の譲渡価格に対する消費税を納税しなければなりません。一方、買い手である法人側では消費税の課税事業者である個人事業からの法人成りであっても、設立する際の出資者や資本金額、設立後の課税売上高等、一定の条件を満たすことにより最大２年間は消費税の納税義務を免除する特例があります（消費税法９条、９条の２、12条の２、12条の３）。

消費税を納税する義務のない免税事業者であっても、「適格請求書発行事業者の登録申請書」及び「消費税課税事業者選択届出書（一定の条件により提出省略可）」を提出することにより消費税の課税事業者を選択することも可能です（消費税法９条４項、同法施行規則11条１項、新消費税法施行令70条の４、新消費税法施行規則26の４、インボイス通達2-2）。この場合、法人の課税売上に係る

消費税から個人より買い取った課税資産に係る消費税を控除することができるため、譲渡価額が多額になるケースでは消費税の還付を受けられる可能性があります。前記を踏まえ、法人への引継資産を検討する必要があります。

⑵　引継資産の譲渡と賃貸に係る税務上の取扱い

主要資産の引継において、個人と法人間での売買または賃貸した場合の課税関係は次のとおりとなります。

《農地》

ア．売買の場合

個人所有の農地を法人へ出資または売却すると、個人は譲渡所得の申告が必要となります。譲渡所得は農地を売却した金額からその土地を取得した時の取得費や売却に要した仲介手数料等の譲渡費用を差し引いて計算します（所得税法33条、38条、60条、所得税基本通達33の７、租税特別措置法31条、31条の４、32条、同法施行令20条）。例えば、先祖代々農地を相続し、土地の取得費が分からない場合は、農地売却収入から差引く土地の取得費は概算取得費（譲渡収入金額に５％を乗じた金額。措置法通達31の４①）による計算となり、差引く費用が少ないために一般的に譲渡益が多額になります。その場合は相当の所得税、住民税の支払いが必要となるため、農地の取得費が不明な場合は売買による方法ではなく、賃貸借による農地利用を検討する必要があります（農地中間管理事業の推進に関する法律に基づく農用地利用集積等促進計画による譲渡の場合には譲渡益より800万円の特別控除が受けられます。租税特別措置法34条の３）。また、売買における譲渡金額の決定にあたっては時価よりも低い価額で法人へ譲渡すると、法人は時価と譲渡金額の差額分の経済的利益を受けたとみなされ、受贈益課税が発生してしまうため、譲渡金額は時価とするのが一般的です（所得税法59条１項２号、同法施行令169条、所得税基本通達59の３）。その他、所有権移転登記に係る登録免許税や不動産取得税も必要です。なお、農地の売買は消費税の課税取引に該当しません（消費税法６条、同法別表第一）。

※農地売買における相続税・贈与税の納税猶予特例適用地の留意点

相続税・贈与税の納税猶予の特例を受けている農地等（以下、「特例農地等」という）を農業法人に譲渡した場合には譲渡した農地等において、納税猶予されていた相続税、贈与税を利子税とともに納付しなければなりません。

また、特例農地等の面積の20％を超える譲渡をした場合には譲渡した部分に対する納税猶予の打切りではなく、すべての特例農地等の納税猶予が打ち切られます（租税特別措置法70条の4第1項、70条の6第1項）。そのため、多額の税負担が生じるおそれがあり、慎重な判断が必要です（農地所有適格法人へ特例農地等を現物出資し、現物出資者がその農地所有適格法人の常時従事者となる場合は、特例農地等に係る納税猶予税額の全額打切りとなる20％超の譲渡面積基準に含まれません。同法施行令40条の6第9項・2項、40条の7第8項）。

イ．賃貸の場合

個人の所有する農地を法人へ貸し付けた場合は、個人が収受する賃料は不動産所得となり、法人の支払う地代は損金となります（所得税法26条）。

※農地賃貸における相続税・贈与税の納税猶予特例適用地の留意点

特例農地等について、原則的には農地等の使用貸借権、賃借権等の権利の設定をした場合には、納税猶予されていた相続税、贈与税の全部または一部を、利子税とともに納付しなければなりません（租税特別措置法70条の4、70条の6）。しかし、農地中間管理事業の推進に関する法律に基づく農地中間管理事業により農地等を貸付けた場合の一定要件を満たす特例農地等は納税猶予の打切りとはなりません（租税特別措置法70条の4の2、70条の6の2）。なお、贈与税の納税猶予の農地である場合は、申告書の提出期限から貸付けまでの期間が10年（貸付時の年齢が65歳未満である場合は20年）以上であることが必要です（同法70条の4の2第2項）。

《建物及び構築物》

ア．売買の場合

個人所有の建物等を法人へ譲渡した場合は、農地と同様に個人は譲渡所得となり、所有権移転登記が必要なものは登録免許税や不動産取得税がかかります。売買価格は時価によりますが、帳簿価格による金額が一般的です。当該資産の売買は消費税の課税取引となるため、売り主が消費税の納税義務者の場合は納税が必要です。

資産を取得した法人は中古資産の購入となり、減価償却費として損金に計上できます。

イ．賃貸の場合

個人の収受する賃貸料は農地と同様に不動産所得となります。法人の支払う家賃は、事業年度に対応する部分を損金に計上できます。

《工具器具備品及び生物》

ア．売買の場合

総合課税の譲渡所得となります（所得税法33条）。売買価格は時価となります。引き継いだ法人側は中古資産として計算した減価償却費が損金となります。

イ．賃貸の場合

個人の収受する賃貸料は雑所得となります（所得税法35条）。雑所得の場合は他所得との損益通算や青色申告特別控除の対象となりません。

法人が支払う賃借料は損金となります。

《棚卸資産》

売買のみ

棚卸資産の引継は、法人へ引き継ぐ時点で在庫として残っている商品や農産物等を法人へ売却する必要があります。その場合、個人においては売却金額が事業所得の収入金額となりますが、帳簿価額で売買することで、商品等の棚卸資産が仕入として費用になるため、結果的に所得はゼロとなります。よって、所得税が課税されることはありません。

また、価格の算定が難しい未収穫農産物は無評価で引き継ぐことが認められています。育成中の家畜など未成熟の生物は原則として、時価（市場価格）になりますが、市場価格が不明の場合は育成原価による帳簿価額で売買します。飼料・肥料等生産資材の在庫資産は帳簿価額で売買します。

なお、個人が消費税の納税義務者である場合は売却金額に対して消費税の納税が必要です。

5．農地所有適格法人の運営（税務と会計）

(1) 事業年度の決定

事業年度は経営成績や財務状態を表す決算書を作成するための年度を区切った１年以内の期間となります。農業法人の設立後最初の事業年度開始の日は設立の日となります（行政官庁の許可又は認可によって成立する法人にあってはその認可又は許可日）。事業年度は期間を定款に定めることで任意に決めることができます（法人税法 13 条）。

決算月（事業年度末の月）の決定に関しては、実務面から言えば、原材料や仕掛品等の多い月は棚卸作業の手間が多くなります。資金面からは決算月２か月以内に法人税等の申告と納税を済ませる必要があるため、納税資金を確保しやすい月とするのが良いでしょう。税務面では、消費税の免税事業者に該当し、消費税免税による恩恵を享受できる場合には設立後最初の事業年度は１年を超えない範囲で最長に設定します。

事業年度は後々変更することも可能ですが、変更に係る届出手続のほか、決算変更月までの 12 か月未満の事業年度で決算申告が発生することになります。そのため、決算期の選択は繁忙期を避け農閑期に設定するなど法人の実情に合わせて慎重に選ばれることが望まれます。

⑵　作成する計算書類

農業法人には明瞭な財務管理と適時正確な会計帳簿の作成が求められます。そのために個人事業者の申告において認められていた単式簿記ではなく、複式簿記による記帳が必要となります。作成する財務諸表は一定期日の財務内容を示す貸借対照表と会計期間の経営状況を表す損益計算書、並びに農産物等の生産に係る原価を表す製造原価報告書となります。

⑶　農業法人の勘定科目

農業法人の財務諸表に使用する勘定科目は社団法人日本農業法人協会で策定している標準勘定科目を使用すると良いでしょう。本科目体系は企業会計原則等を基礎として農業独特の勘定科目が追加されており、一般的な勘定科目体系に比べより詳細な経営分析を行うことが可能です。

⑷　決算申告

法人は決算日の翌日から起算して２か月以内に納税地の所轄税務署に対して法人税の申告と納税を行う必要があります（法人税法74条）。同様に都道府県や市町村についても法人地方税の申告納税を行います。法人税の課税所得の計算にあたっては、各事業年度の益金の額から損金の額を控除した金額となります。ここでいう益金の額とは会計上の収益に相当し、損金の額とは会計上の費用や損失に該当しますが、会計上の所得と法人税法上の所得は必ずしも一致しません。これは、会計における所得は主に企業の経営成績を示すものであるのに対し、法人税法上の所得は課税の公平性に重点をおいた計算方法であり算出する所得計算の目的が異なるためです。そのため、法人税の計算においては、会計上の当期純利益に法人税法の規定による加算、減算の申告調整を加えて法人税法上の課税所得金額を算出する必要があります。

(5) 農地所有適格法人の税金

ア．法人税及び復興特別法人税

農業法人には、合名会社、合資会社、合同会社、株式会社及び農事組合法人の５つの会社組織があります。法人税法上の区分は組織形態により普通法人と協同組合等に分けられ、法人税及び復興特別法人税にかかる税率は次のとおりとなっております（法人税法66条、81条の12、143条、租税特別措置法42条の３の２、68条）。

<table>
<tr><th colspan="2">種類</th><th colspan="2">適用関係</th><th>法人税率
※7</th><th>地方法人税</th></tr>
<tr><td rowspan="4">普通法人</td><td colspan="3">中小法人以外の法人</td><td>23.2%</td><td>法人税額の10.3%</td></tr>
<tr><td rowspan="3">中小法人
※1</td><td colspan="2">年800万円超の金額に対して</td><td>23.2%</td><td>法人税額の10.3%</td></tr>
<tr><td rowspan="2">年800万円以下の金額に対して</td><td>下記以外の法人</td><td>15%</td><td>法人税額の10.3%</td></tr>
<tr><td>適用除外事業者
※2</td><td>19%
※3</td><td>法人税額の10.3%</td></tr>
<tr><td colspan="2" rowspan="2">協同組合等
※4※5※6</td><td colspan="2">年800万円超の金額に対して</td><td>19%</td><td>法人税額の10.3%</td></tr>
<tr><td colspan="2">年800万円以下の金額に対して</td><td>15%</td><td>法人税額の10.3%</td></tr>
</table>

※１　原則として、各事業年度終了の時における資本金額等が１億円以下の法人。ただし、資本金額等が５億円以上の大法人と完全支配関係がある法人や相互会社など資本金の額が１億円以下であっても「中小法人」から除かれる場合があります。

※２　適用除外事業者には、通算制度における適用除外事業者を含みます。

※３　平成31年４月１日以後に開始する事業年度において適用除外事業者（その事業年度開始の日前３年以内に終了した各事業年度の所得金額の年平均額が15億円を超える法人等をいいます。以下同じです。）（令和４年４月１日以後に開始する事業年度においては、通算制度における適用除外事業者（注２）を含みます。）に該当する法人の年800万円以下の部分については、19パーセントの税率が適用されます。

※４　農事組合法人のうち共同利用施設の設置や農作業の共同化に関する事業を行っている場合、もしくは農業経営を行い、その事業に従事する組合員に対して確定給与を支給していない場合は協同組合等に含まれます。それ以外の農事組合法人は普通法人の区分となります。

※５　法人税法別表第三に掲げられている法人。

※６　協同組合等で、その事業年度における物品供給事業のうち店舗において行われるものに係る収入金額の年平均額が1,000億円以上であるなどの一定の要件を満たすもの

の年10億円超の部分については、22パーセントの税率が適用されます。
※７　令和５年４月１日現在の法人税率。

イ．消費税及び地方消費税

国内で取引を行う事業者は、非課税取引を除き、事業として行った資産の譲渡や貸付け、役務の提供について消費税の納税義務を負うことになっています（消費税法４条３項、５条）。

消費税及び地方消費税には免税点が設けられており、その課税期間に係る基準期間（事業年度が１年である法人の場合はその事業年度の前々事業年度）又は特定期間（法人の場合はその事業年度の前事業年度開始の日以後６月の期間）における課税売上高が1,000万円以下の場合には、その課税期間の納税義務が免除されます。なお、特定期間の判定については課税売上高が1,000万円を超えた場合でも特定期間中に支払った給与等の金額が1,000万円を超えていなければ、納税義務は免除されます（消費税法９条、９条の２、同法施行規則11条の２、同法基本通達１の５の３）。

新規設立法人についてはこの基準期間の売上は発生していないため、原則として設立事業年度は免税事業者となります（事業年度開始の日の資本金が1000万円以上となる法人を除きます。なお、新規設立法人のうち、基準期間に相当する期間の課税売上高が５億円を超える事業者等が50％超の出資をして設立した法人については事業年度開始の日の資本金が1000万円未満であっても免税事業者から除かれます。消費税法12条の２、12条の３、同法施行令25条の２、25条の３、25条の４）。

インボイス制度（適格請求書等保存方式）開始後は、免税事業者からの仕入れについて、買い手側の仕入税額控除が段階的にできなくなることから、買い手側の消費税負担が増加し、免税事業者との取引を見直される可能性があります。その場合、「適格請求書発行事業者の登録申請書」を提出することにより、免税事業者ではなく、あえて消費税の課税事業者となることで、買い手側の仕入税額控除に影響を与えない方法もあります。

課税事業者となる法人は決算日の翌日から起算して２か月以内に納税地の

所轄税務署に消費税及び地方消費税の申告と納税を行う必要があります。

ウ．法人事業税

法人事業税は法人の事業に対して課税される税金です。

一定要件を満たす農事組合法人については農業所得の非課税（地方税法72条の4）や農業以外の所得に係る軽減税率の適用があります（同法72条の4、72条の24の7）。なお、非課税となる農業所得は耕種事業（稲作、野菜作、果樹作等）に限られ、畜産業、農業サービス業、園芸サービス業は課税対象となります。その他、農作業受託収入などの附帯収入が課税対象となるか否かの取扱いは非課税収入割合等の要件により都道府県ごとに異なるため確認が必要です。

その他の農業法人の場合は、原則的に所轄する都道府県税事務所の普通法人と同様の税率が適用されます。

エ．法人住民税

法人住民税には個人住民税と同様に法人県民税と法人市町村民税があります。所得金額により計算する法人税割と資本金額や従業者数（給与支給のある役員を含む。）により計算する均等割の申告納税が必要です。均等割については法人が事業活動を行っている限り発生するため、所得金額が赤字の場合でも一定金額を納税する必要があります。金額としては資本金の額が1,000万円以下であり従業者数50人以下の法人で70,000円から83,000円程度となっております。地方税については、都道府県や各市町村により税率等が異なります。

(6) 農業法人における主な優遇税制

ア．農業経営基盤強化準備金制度

青色申告書を提出する認定農業者（農地所有適格法人）が令和５年４月１日から令和７年３月31日までの期間に、農業経営基盤強化促進法施行規則第

25条の2に規定されている交付金等を受けた場合に、農業経営改善計画等に従って、農業経営基盤強化準備金として積み立てた時は一定金額を損金に算入するという制度です（租税特別措置法61条の2第1項）。積立てた準備金は、計画に基づいて農用地または農業用機械等の取得等を行った場合において、その事業年度の準備金の益金算入額に相当する金額の範囲内で圧縮記帳することができます。

なお、積立てた準備金は原則として、積立てをした事業年度から5年を経過した場合は、その5年を経過した金額部分を取り崩して益金の額に算入することになります（同条2項）。

イ．国庫補助金等で取得した固定資産等の圧縮額の損金算入

法人が固定資産の取得または改良に充てるため、国または地方公共団体の補助金または給付金その他これらに準ずるものの交付を受け、その目的に適合した固定資産の取得又は改良をした場合には、その取得または改良に充てた国庫補助金等の額を基礎として政令で定めるところにより計算した金額内で圧縮記帳をすることができます（法人税法42条1項）。

法人が受け取る補助金等は原則的に支給決定の通知を受けた事業年度の益金に算入します。本制度を利用した場合は、固定資産の取得に充当した国庫補助金等の金額は固定資産圧縮損として損金算入し、計上する固定資産の取得価額は実際の取得金額から国庫補助金収入を差し引いた金額となります。これにより圧縮記帳した金額の課税を将来へ繰延べる効果があります。

ウ．農地所有適格法人の肉用牛の売却に係る所得の課税の特例

この制度は農地所有適格法人が令和5年4月1日から令和9年3月31日までの期間内の日を含む各事業年度において、その飼育した肉用牛を家畜市場、中央卸売市場等において売却した場合等において、その売却した肉用牛のうちに免税対象飼育牛があるときは、その売却による利益の額（年1,500頭を超える場合には超える部分の利益の額を除く）に相当する金額を、その売却し

た日を含む事業年度の所得の金額の計算上、損金の額に算入することができるという制度です（租税特別措置法67条の3）。

なお、売却による利益の額は一頭ごとに計算するのではなく、選択した1,500頭すべてに係る収益の額からその収益に係る原価の額とその売却に係る経費の額との合計額を控除した金額となります（同法施行令39条の26第5項）。

適用対象とされる免税対象飼育牛は肉用牛のうち（公社）全国和牛登録協会等により一定の登録がされた高等登録牛またはその売却価額が100万円未満である肉用牛に該当するものとされています（その売却した肉用牛が、一定の交雑牛に該当する場合には80万円未満とし、一定の乳牛に該当する場合には50万円未満とされています。同法67条の3第1項、同法施行規則22条の16第1項）。

エ．農地保有の合理化等のために農地等を譲渡した場合の800万円特別控除の特例

農地保有の合理化等のために農地等を譲渡した場合の800万円特別控除の特例は農業振興地域の整備に関する法律に基づく農業委員会のあっせんなどにより農地等を譲渡した場合のほか、農地中間管理事業の推進に関する法律に基づく農用地利用集積等促進計画により農用地を譲渡した場合には、一定の要件の下で、その譲渡益の額のうち年800万円までは、その譲渡の日を含む事業年度において、所得控除ができるという制度です（租税特別措置法65条の5、租税特別措置法施行令39条の6）。

(7) 農地所有適格法人の報告義務

すべての農地所有適格法人は農地法第6条の規定に基づき、毎事業年度の終了後3か月以内に経営地のある市町村の農業委員会に法人の概要、事業種類、役員の農作業への従事状況を記した農地所有適格法人報告書を提出する必要があります。

農地法第6条第1項の規定に違反して、報告をせず、又は虚偽の報告をした者は、30万円以下の過料に処されます（農地法68条）。

第６章　労務管理の支援

１．農業における労務管理の概要

(1)　農業における人の雇用について

今までの農業は家族経営が主流でしたが、規模拡大や商品の加工・販売、異業種への進出など、自らの事業発展とともに、家族以外の労働者を雇用する必要性が増し、個人事業主から法人化する気運も更に高まっています。

企業の農業参入、個人経営体の法人化に伴い、一般的な会社のように組織化され、生産からマーケティング・営業・販売を分担して行うことで収益を上げ、バックオフィス専門の部署も設けて生産性の向上を図る経営体もあり、そこに就職し農業に携わっていきたいと考える、若い世代を中心とした就職希望者も増えてきました。

しかしその一方で、就職してもすぐに離職してしまう雇用のミスマッチも多くなっています。「仕事がきつい」「想像していたものと違う」など労働者側の都合によることも多いのは確かですが、労働条件や給与がその引き金になっている例も多くあります。特に農業は、労働基準法の適用除外条項もあり、サラリーマン経験者からみれば就業に関してなかなか理解されないこともあります。

事業が今後さらに成長し、発展をしていくためには、人材の確保・教育・定着、労務管理能力と生産性の向上などが重要なキーになってきます。特に規模拡大や加工・販売に取り組む農業事業主にとって、経営を支える人材として労働者を育成し、長く働いてもらうことは、経営発展のためにもますます重要になります。そのためにも労務管理は重要とされます。

次に、適正な労務管理を行うために必要な基本的な知識について紹介します。

⑵ 正社員雇用の必要性と雇用における注意点

農林水産省のデータによると、個人経営体の世帯員である基幹的農業従事者は、令和２（2020）年は136万人で、65歳以上の階層は全体の70％（94万9千人）を占める一方、49歳以下の若年層の割合は11％（14万7千人）となっています。

農業では、まだまだ高齢化が進行中です。担い手も少ないことから、耕作放棄地は年々増えていきます。

そのような状況の中でも、積極的な農業政策の効果もあり、農業への就職を希望している若者は年々微増ながらも増えてきています。そこには、代々受け継いだ家業の農業に就農する者から、農業を成長分野と考えビジネス展開をしようとする新規就農者まで様々です。

しかし、いつの時代でも安定を求める傾向も強くあり、農業分野に足を踏み入れた後、理想と現実のギャップに悩む人も多いようです。特に正社員として農業分野に入った人たちにとってみれば、安定を求めてやっとの思いで正社員雇用されたのに、経営自体が不安定で頼りないものであったということも少なからずあるようです。

正社員での雇用においては、長期継続的に雇用されるということが前提になっています。事業主側から見ると、いったん雇用すれば、生半可な理由での解雇は難しく、労働者保護が手厚い現在においては、不当解雇として訴えられる可能性も低いとは言えません。そこで事業主においても、生産性と売り上げの向上を図るなどして、経営の安定を図り、人材定着を盤石なものにしなければなりません。

農業は繁閑の差がみられることが多い産業です。特に深雪地域などでは、作物の栽培方法によっては農業で収入を見込まれない時期もあります。そうなってしまうと、正社員の通年雇用は難しくなります。

しかしながら、正社員の雇用ができないと、いつまでたっても優秀な人材が育てられないどころか、事業自体も発展的な成長が見込まれません。正社員を雇用し、人材育成を行い、快適な職場環境を形成していくことが、事業の発展につながります。

農業は特殊な業種です。それを十分に認識しているのは農業経験者だけかもしれません。採用においては次に挙げたような農業という業種の特殊性を十分に考慮する必要があります。

①繁閑の差

農繁期と農閑期において、業務内容や業務量、そしてそれらに費やす時間が変わります。

②作業工程の多様性

作物の種類や生産過程に応じて作業が変わってきます。分業制で業務を推進することが難しいと言えます。

③栽培最適期

いわゆる旬の時期というものがあります。それに合わせて生産計画を練っていきます。時間的余裕もなくなる場合がありますし、最初の計画が崩れていくと最後まで崩れていくこともあります。

④自然の影響

一般的に屋外での労働が主であります。そうなると、天候に大きく左右されます。

⑤移動労働

広い耕作地で行われることが一般的で、作業のための移動が多々あります。

特に繁閑の差は、労働力の確保を継続させなければならない事業主側にとってみれば悩ましい問題といえます。作業量が季節によって大きく変わってくるのですから、通年雇用する場合には農閑期にどのような業務が必要なのかを考えていかなければなりません。

しかし、新しい作物の生産の検討、異業種進出の検討により解消する術はあります。また、農繁期に取れなかった休日を農閑期に取得することも考えられます。

⑶ 労働基準法

事業主は労働者を雇用した後、様々な責任や義務が生じます。その最たるものが賃金支払義務になりますが、それだけではありません。明確なルールにのっとって働いてもらうために労働関係法令があります。特に重要なものが労働基準法です。労働基準法は、憲法第25条第1項の生存権、第27条第2項の基準を具体化したものです。

憲法第25条第1項　すべて国民は、健康で文化的な最低限度の生活を営む権利を有する。
憲法第27条第2項　賃金、就業時間、休息その他の勤労条件に関する基準は、法律でこれを定める。

具体的には、事業主に対して弱い立場にある労働者を保護する目的があり、労働条件の最低基準を定めて基準の遵守を強制しています。日本国内の事業で使用される労働者であれば、国籍を問わず適用され、外国人の就労が不法就労であっても適用されます（昭和63年1月26日基発50号・職発31号）。また、パートタイマーやアルバイトのような非正規雇用労働者であっても適用されます。

(4) 労務管理とは

農地所有適格法人においても安定的な経営を行う上で、必要な人材を確保し、かつ定着させることが重要な課題となっています。そのためには、農地所有適格法人でも他の中小企業と同じように労働基準法やその他の労働関係法令、社会保険等の諸制度を遵守するとともに活用することが重要になっています。適正な労務管理が行われるよう、労働基準法をはじめとした各種法令において、労務管理に関するルールが定められています。労働者を１人でも雇用するとこれらの法令の適用を受けることになります。

一般的に労務管理とは、経営資源のうちの「ヒト」に着目したものであり、労働力の有効活用を目指すための様々な対策の体系ということになります。つまり、労働者の募集・採用から退職・再雇用に至るまでの、「労働者に関するすべての施策」をいいます。給与の支払いや労働時間の管理、定期的なミーティング、福利厚生も労務管理の一環といえます。

労務管理は事業主の義務であると同時に、業務効率を向上させるための手段でもあり、経営発展のための重要な方策です。実際の労務管理とは、事業主の一存により定められるものではなく、そこには各種労働法の規制下におかれています。

労働者を育て、快適な職場環境の中で健全に働いてもらうことが事業主の役目と言えます。そのためには、次の２点を特に注意する必要があります。

①法令の遵守

労働基準法や最低賃金法等の関係諸法令を遵守する必要があります。法令を遵守する法人は、対外的に信頼性も厚いです。

②モチベーション向上の配慮

事業主は労働者との日常や会社の制度設計において、常に「やる気」に配慮しなければなりません。信頼関係の構築により、意欲向上につながります。

(5) 業務災害に対する責任と安全配慮義務

労働基準法では、労働者の業務上の負傷等に対して様々な補償を求めています。

療養補償	労働者が業務上負傷し、又は疾病にかかった場合においては、事業主は、その費用で必要な療養を行い、又は必要な療養の費用を負担しなければならない。
休業補償	労働者が療養のため、労働することができないために賃金を受けない場合においては、事業主は、労働者の療養中平均賃金の100分の60以上の休業補償を行わなければならない。
障害補償	労働者が業務上負傷し、又は疾病にかかり、治った場合において、その身体に障害が存するときは、事業主は、その障害の程度に応じて、障害補償を行わなければならない。
遺族補償	労働者が業務上死亡した場合においては、事業主は、遺族に対して、遺族補償を行わなければならない。

労働基準法上は、事業主に過失の有無を問わず労働者や残された遺族に対して補償する義務を負わせています。ただし、事業主の無資力で補償されなくなることを防ぐために、労働者災害補償保険法が制定されました。この法律により補償を受けられる場合には、労働基準法上の災害補償義務を免れることになります。

ところで、労働者災害補償保険法の適用になるのは、もちろん労働者です。ただ、労働者以外でも、その業務の実情や災害の発生状況などからみて、特に労働者に準じて保護することが適当であると認められる一定の人については、特別に任意加入を認めています。

農業の場合には、「特定農作業従事者」「指定農業機械作業従事者」「中小事業主等」の３区分に分かれます。

次に安全配慮義務についてです。

平成20年３月に施行された労働契約法第５条は、「事業主は、労働契約に伴い、労働者がその生命、身体等の安全を確保しつつ労働することができるよう、必要な配慮をするものとする」と、事業主の労働者に対する安全配慮義務（健康配慮義務）を明文化しています。

危険作業や有害物質への対策はもちろんですが、過重労働防止対策やメンタルヘルス対策も事業主の安全配慮義務に当然含まれると解釈されています。

労働契約法には罰則がありませんが、安全配慮義務を怠った場合、民法第709条（不法行為責任）、同法第715条（事業主責任）、同法第415条（債務不履行）等を根拠に、事業主に多額の損害賠償を命じる判例が多数存在します。

安全配慮義務の内容は、裁判例によると、「労働者が労務提供のため設置する場所、設備もしくは器具等を使用し又は事業主の指示のもとに労務を提供する過程において、労働者の生命及び身体を危険から保護するよう配慮すべき義務」とされています。具体的には、①物的・環境的危険防止義務、②作業行動上の危険防止義務、③作業内容上の危険防止義務、④宿泊施設・寮における危険防止義務の４つに分類できます。

農業においては、農機具を利用することによる事故や、屋外で作業を行う際の事故が多いです。業務災害における事業主の責任も含め、果たさなければいけない義務は多いことからも、きっちりとしたルール作りや快適な職場環境の整備が必要になります。

(6)　労働契約法

就業形態の多様化とともに労働条件が個別に決定されることになりましたが、多様化されるとともに、個別労働紛争が増加しています。このような紛争を解決するために労働契約について基本的ルールを定めています。労働者の保護を図りながら、個別の労働関係が安定することが期待されます。

有期労働契約の反復更新の下で生じる雇止めに対する不安を解消し、働く方が安心して働き続けることができるようにするため、労働契約法が改正され、有期労働契約の適正な利用のためのルールが整備されました。

①無期労働契約への転換（労働契約法第18条）
　有期労働契約が繰り返し更新されて通算５年を超えた場合には、労働者の申し込みにより無期労働契約に転換できるルールです。
②雇止め法理の法定化（労働契約法第19条）
　一定の場合には事業主に雇止めが認められないルールです。
③不合理な労働条件の禁止（労働契約法第20条）
　有期契約と無期契約の差により、不合理な労働条件を設けることを禁止するルールです。

⑺　労働条件

労働基準法では、「労働条件は、労働者が人たるに値する生活を営むための必要を充たすべきものでなければならない」（労働基準法１条）と定めています。この「人たるに値する生活」については、「その標準家族の生活を含めて考えること」とされています。

ハローワークや民間の求人情報誌にも労働条件が記載されていますが、求職者は、この労働条件を基に就職先を探しています。その中で、職種・給与・福利厚生を勘案して決定します。

この労働条件は、同業との比較はもちろんのこと、他産業との比較も考えられます。労働基準法を遵守し、他産業にも劣らない労働条件を提示することが理想です。

次に、労働条件通知書（雇用契約書）について説明します。

労働契約に際し、事業主は労働者に対し重要な労働条件を書面で明示しなければならないとされています（労働基準法15条）。従事する業務の内容や労働時間、賃金等の労働条件を明示した労働条件通知書を労働者に交付しなければなりません。

絶対的明示事項	①　労働契約の期間（期間の定めがない場合は、「期間の定めなし」とする）
	②　就業の場所、及び従事すべき業務
	③　始業・終業の時刻、所定労働時間を超える勤務の有無、休憩時間、休日、休暇、交替制における就業時転換
	④　賃金に関する事項（決定、計算、支払方法、締切り、支払時期）
	⑤　退職（解雇の事由を含む）
相対的明示事項	①　退職手当の定めが適用される労働者の範囲など退職手当についての事項
	②　臨時で支払われる賃金、賞与等、最低賃金額
	③　労働者に負担させる食費、作業用品等
	④　安全及び衛生
	⑤　職業訓練
	⑥　災害補償及び業務外の傷病扶助
	⑦　表彰及び制裁
	⑧　休職

近年、マタニティハラスメント（マタハラ）、モラルハラスメント（モラハラ）等々、○○ハラスメントといった様々なハラスメント、人権侵害等々でも争いは増えていますが、昔から労使間のトラブルの種になるのが労働条件に関することがほとんどです。特に、残業や労働時間集計ミスからの給与の未払い、解雇に関することで訴訟に発展することも少なくありません。

また、自分自身の雇用形態が正社員なのかパートなのか曖昧なことがあります。トラブルを防止するためにも雇用形態の区分をして、契約期間や所定労働時間を中心に整理し、その地位・定義・処遇等を明確化しておくことが重要です。

農業においては、時季に応じて１年間のある一定期間に有期雇用の労働者を雇用する場合があるかと思います。この契約の労働者に対しても、前述の労働条件通知書の定めは必要になってきます。その場合、労働条件通知書の定めにおいて、当該契約の満了後における当該契約に係る「更新の有無」、「当該契約を更新する場合又はしない場合の判断基準」を明示しなければなりません。

(一般労働者用；常用、有期雇用型)
労働条件通知書

	年　月　日 ＿＿＿＿＿＿＿＿殿 事業場名称・所在地 使用者職氏名
契約期間	期間の定めなし、期間の定めあり（　年　月　日～　年　月　日） ※以下は、「契約期間」について「期間の定めあり」とした場合に記入 1　契約の更新の有無 [自動的に更新する・更新する場合があり得る・契約の更新はしない・その他（　）] 2　契約の更新は次により判断する。 ・契約期間満了時の業務量　・勤務成績、態度　・能力 ・会社の経営状況　・従事している業務の進捗状況 ・その他（　） 3　更新上限の有無（無・有（更新　回まで／通算契約期間　年まで））
	【労働契約法に定める同一の企業との間での通算契約期間が5年を超える有期労働契約の締結の場合】 本契約期間中に会社に対して期間の定めのない労働契約（無期労働契約）の締結の申込みをすることにより、本契約期間の末日の翌日（　年　月　日）から、無期労働契約での雇用に転換することができる。この場合の本契約からの労働条件の変更の有無（　無　・　有（別紙のとおり））
	【有期雇用特別措置法による特例の対象者の場合】 無期転換申込権が発生しない期間：Ⅰ（高度専門）・Ⅱ（定年後の高齢者） Ⅰ　特定有期業務の開始から完了までの期間（　年　か月（上限10年）） Ⅱ　定年後引き続いて雇用されている期間
就業の場所	（雇入れ直後）　（変更の範囲）
従事すべき業務の内容	（雇入れ直後）　（変更の範囲） 【有期雇用特別措置法による特例の対象者（高度専門）の場合】 ・特定有期業務（　開始日：　完了日：　）
始業、終業の時刻、休憩時間、就業時転換（(1)～(5)のうち該当するもの一つに○を付けること。）、所定時間外労働の有	1　始業・終業の時刻等 (1)　始業（　時　分）終業（　時　分） 【以下のような制度が労働者に適用される場合】 (2)　変形労働時間制等；（　）単位の変形労働時間制・交替制として、次の勤務時間の組み合わせによる。 始業（　時　分）終業（　時　分）（適用日　） 始業（　時　分）終業（　時　分）（適用日　） 始業（　時　分）終業（　時　分）（適用日　） (3)　フレックスタイム制；始業及び終業の時刻は労働者の決定に委ねる。

無に関する事項	（ただし、フレキシブルタイム（始業）　時　分から　時　分、 （終業）　時　分から　時　分、 コアタイム　時　分から　時　分） (4)　事業場外みなし労働時間制；始業（　時　分）終業（　時　分） (5)　裁量労働制；始業（　時　分）終業（　時　分）を基本とし、労働者の決定に委ねる。 ○詳細は、就業規則第　条～第　条、第　条～第　条、第　条～第　条 2　休憩時間（　　）分 3　所定時間外労働の有無（　有　、　無　）
休　日	•定例日；毎週　曜日、国民の祝日、その他（　　　） •非定例日；週・月当たり　日、その他（　　　） •1年単位の変形労働時間制の場合—年間　日 ○詳細は、就業規則第　条～第　条、第　条～第　条
休　暇	1　年次有給休暇　6か月継続勤務した場合→　　日 継続勤務6か月以内の年次有給休暇（有・無） →　か月経過で　日 時間単位年休（有・無） 2　代替休暇（有・無） 3　その他の休暇　有給（　　　） 無給（　　　） ○詳細は、就業規則第　条～第　条、第　条～第　条
賃　金	1　基本賃金　イ　月給（　　円）、ロ　日給（　　円） ハ　時間給（　　円）、 ニ　出来高給（基本単価　　円、保障給　　円） ホ　その他（　　円） ヘ　就業規則に規定されている賃金等級等 ［　　　　］ 2　諸手当の額又は計算方法 イ（　手当　　円　／計算方法：　　　） ロ（　手当　　円　／計算方法：　　　） ハ（　手当　　円　／計算方法：　　　） ニ（　手当　　円　／計算方法：　　　） 3　所定時間外、休日又は深夜労働に対して支払われる割増賃金率 イ　所定時間外、法定超　月60時間以内（　　）％ 月60時間超（　　）％ 所定超（　　）％ ロ　休日　法定休日（　　）％、法定外休日（　　）％ ハ　深夜（　　）％ 4　賃金締切日（　　）—毎月　日、（　　）—毎月　日 5　賃金支払日（　　）—毎月　日、（　　）—毎月　日 6　賃金の支払方法（　　　） 7　労使協定に基づく賃金支払時の控除（　無　、有（　　）） 8　昇給　（　有（時期、金額等　　　）、　無　） 9　賞与　（　有（時期、金額等　　　）、　無　） 10　退職金（　有（時期、金額等　　　）、　無　）
退職に関する事項	1　定年制（　有　（　　歳）、　無　） 2　継続雇用制度（　有（　　歳まで）、　無　） 3　創業支援等措置（　有（　　歳まで業務委託・社会貢献事業）、　無　）

	4　自己都合退職の手続（退職する　　　日以上前に届け出ること） 5　解雇の事由及び手続（　　　　　　　　　　　　　　　　　　　） ○詳細は、就業規則第　条～第　条、第　条～第　条
そ　の　他	・社会保険の加入状況（　厚生年金　健康保険　その他（　　　　）） ・雇用保険の適用（　有　、　無　） ・中小企業退職金共済制度 （加入している　、　加入していない）（※中小企業の場合） ・企業年金制度（　有（制度名　　　　　　　　　　）、　無　） ・雇用管理の改善等に関する事項に係る相談窓口 部署名　　　　　担当者職氏名　　　　　　（連絡先　　　　　　） ・その他（　　　　　　　　　　　　　　　　　　　　） ※以下は、「契約期間」について「期間の定めあり」とした場合についての説明です。 労働契約法第18条の規定により、有期労働契約（平成25年4月1日以降に開始するもの）の契約期間が通算5年を超える場合には、労働契約の期間の末日までに労働者から申込みをすることにより、当該労働契約の期間の末日の翌日から期間の定めのない労働契約に転換されます。ただし、有期雇用特別措置法による特例の対象となる場合は、無期転換申込権の発生については、特例的に本通知書の「契約期間」の「有期雇用特別措置法による特例の対象者の場合」欄に明示したとおりとなります。
以上のほかは、当社就業規則による。就業規則を確認できる場所や方法（　　　　　　）	

2．給与について

(1)　給与の考え方

農業分野に限ったことではないのですが、給与に関する課題は多いです。特に法人化するにあたり、どれだけの給与を支払えばよいか悩む事業主が多いと聞きます。なぜなら、法人化することにより、新たな社会保険料の負担も増えるため、同じ総支給額であっても、手取りが減少するからです。

また、給与の支払いが多ければ多いほど労働者が定着し、長く貢献してくれると考えている方も多いです。しかし、給与が多ければ多いほどその分社会保険料の負担は増えます。

これからの事業主は、ただ給料を高く払って定着を図るだけではなく、業界や地域の相場を把握し、適正な人事考課を行って給料を決めていかなければなりません。

労働基準法では、「労働条件は、労働者が人たるに値する生活を営む為の必要を充たすべきものでなければならない（労働基準法１条）」としており、この人たるに値する生活について、「労働者が人たるに値する生活を営むためには、その標準家族の生活を含めて考えること（昭和22年９月13日基発17号）」とされています。これが正社員の賃金の額を考えるときに最低限守らなければならないルールです。生活するのに必要な額については人事院の作成した「世帯人員別標準生計費」が参考になりますが、あくまでも全国平均の標準生計費です。ハローワークによっては、業種別・年齢別の給与平均額を把握している所もあります。また、毎月勤労統計の全国調査や地方調査も参考にされるとよいでしょう。

近年においては、給与額＝雇用の安定に必ずしもつながりません。特に、若い世代では、いつかは自分で農地を保有して農業に従事したいと考える人が多く、その研修の場として一時的に勤務しているという意識や、自分のやりたいことや、自分のライフスタイルと仕事を両立したいため、とにかく食うに困らない程度の給与であればよいという意識で就業している人たちが多いようです。

厚生労働白書によりますと、労働者の働く目的は、経済的豊かさよりも楽しく生活することを重視しており、会社の選択に際しては、能力・個性の発揮を求め、長期雇用の下でのキャリア形成を志向しているそうです。また、今後は、仕事と子育ての両立や再就職の支援といった女性のライフステージに応じた支援を行うことが必要であり、併せて、男女ともにワーク・ライフ・バランスを推進していくことが必要であるとも記載しています。安定的な雇用の確保を目指すには、専門知識を養うための研修制度と法定以上の福利厚生の付与が重要かもしれません。他産業でもワーク・ライフ・バランスを推進する中小企業が多くみられるようになりました。プライベートの時間をきっちりと確保しつつ働くことが広まってきています。

⑵　給与形態

時給制にするか月給制にするか等、どのような形態にするかの選択は、労働者の働きをどのような時間単位で測ったら適当なのか、労働者の生活サイクル等を考慮した場合にどのように支給するとより効果的か、など考え方によって異なってきます。正社員であれば、本人と家族の生活の安定を保証する意味で、月々安定した月給制、パートタイム労働者等は、単純に労働時間に比例して支給する時給制とするケースが一般的です。

しかし、農業では正社員でありながらも時給制により計算されている例が多くみられます。時給制などの場合、農繁期には多くの収入が見込めますが、農閑期には大きな減収となり、労働者は生活の見通しを立てることが難しくなります。年間を通して安定した給与の支払いがなければ、労働者の定着は望めません。

⑶ 給与体系

一般的に給与は、毎月支払われる月例給与と特別に支払われる賞与に分かれます。

手当に関しては、取りあえず付与するのではなく、実態に見合った効果的な手当体系を構築するべきです。近年は、労働者の職務遂行能力やモチベーションを高めるために、技能手当（必要とする、特別の能力や技術を有する者に支給する手当）や、資格手当（経営において必要な資格を持っている者に支給する手当）を支給する経営体も増えてきました。これらを支給して優遇することで、重要な能力や資格を有する者の退職を防ぐことに繋がります。また、技能・資格の取得を奨励することにもつながるでしょう。

⑷ 最低賃金

毎年１回、最低賃金審議会が開かれ、その年の最低賃金が決定されます。年々上昇する最低賃金は、事業者の頭を悩ますことになりますが、政府の思惑としては、一律に大幅にあげることにより国民の消費を促し経済の活性化を図ることです。

この最低賃金は、最低賃金法に基づいて定められており、「事業主は、最低賃金の適用を受ける労働者に対し、その最低賃金額以上の賃金を支払わなければならない」（最低賃金法４条）としています。これは、正社員はもちろんのこと、パートタイム労働者、アルバイト、外国人労働者（外国人技能実習生含む）等雇用形態の違いにかかわらず、すべての労働者に適用されます。

事業主にとってみれば、売り上げが上がらないのに人件費がかさむのは負担になってしまいますが、厚生労働省は、最低賃金引上げの影響を最も受けやすい中小企業に対しては、次のような支援を実施しています。

【ワンストップ＆無料の相談・支援体制を整備】
生産方法や販売方法の改善、賃金制度の見直しなどの経営課題と労務管理の相談をワンストップで見直ししています。その他にも、中小企業へ専門家の派遣、中小企業の経営改善・労働条件管理に関するセミナーの開催を行っています。

【業務改善助成金の支給】
最低賃金の大幅な引き上げが必要な地域に対する支援です。事業場内の最も低い時間給を、計画的に引き上げる中小企業に対して、就業規則の作成、労働能率の増進に資する設備・機器の導入等に係る経費の一部を助成します。

(5)　農業と割増賃金

農業は、労働基準法の「労働時間・休憩・休日」が適用除外となっており、法定労働時間を超えて働いた分に対する割増給与の支払いは義務付けられていません。ただし、所定労働時間が８時間のところ10時間労働した場合、超過分の２時間については、法律上割増給与を支給する必要はありませんが、通常の給与の２時間分の支給は当然に必要になります。

ちなみに、農業においても深夜割増は適用除外とされていません。22時から5時までの労働に対しては、25％以上増しの給与を支給しなければなりません。

(6) 固定残業手当

固定残業手当は、残業代の計算を簡素化するもので、残業をしてもしなくても毎月一律の残業代を支給するものです。しかし、固定残業手当においては、実際に何時間分の対価として固定残業手当が設定されているのかが不明瞭で、どの業界においてもトラブルの火種になっており、労働者トラブル回避のためにも、その固定残業手当が何に対しての何時間分の対価か明示する必要はあります。

天候等の条件に大きく左右される農業では、その日予定していた仕事ができず、代わりに休日に労働してもらうことや突発的に残業をしてもらうことも多いでしょう。そのため、結果的に労働者の月の労働時間が月の所定労働時間を大幅に超過することも珍しくありません。

固定残業手当は、こうした課題への対処法としてお勧めできます。基本給の1時間当たり単価を地域別最低賃金以上で設定し、「所定労働時間＋固定残業時間」を過去1年間の最も労働時間の長い月をカバーする時間で設定すれば、残業代の未払いや賃金額が最低賃金を割っているという状態にはなりにくいでしょう。

「月額賃金は基本給のみ支給」という賃金体系から固定残業手当を導入する場合は「支払内訳」の変更となりますし、基本給から固定残業手当分を補うことは、労働者にとって不利益変更になりますので、労働者の一人一人から同意を得る必要があります。実質的に年収では不利にならないよう説明し、労働者の理解を十分に得ることが欠かせません。

また、固定残業手当制は、残業代支払いの打ち切りではありません。毎月の残業時間に対する残業手当が、固定残業手当を超えた場合は、その分追加で残業手当を支払う必要があります。したがって、就業規則（賃金規程）は別途用意し、「固定残業手当は、固定の時間外手当である」旨と「計算上不足額が発生する場合は、別途支給する」旨明記する必要があります。

数ある労働問題の中でも、未払い残業代の問題は根強く残っています。特に未払い残業代においては、過去２年間遡及した未払い額に同額の付加金を付けて請求され、さらには遅延損害も請求されることもよくあります。このように、固定残業手当を設定することにより、リスク回避につながることがあります。

給与の設定に関しては、労使間の話し合いの元で決定することが、トラブルの回避に最も有効的です。どうしてこの金額になったのか、どうすればこの金額が上がるのか、明確に説明できるようになれば、労働者は納得して業務に貢献してくれるでしょう。

⑺　出来高払

出来高払は労働時間に関係なく、出来高に応じて賃金を支払うことです。日本はいわゆる時間労働と言われていますが、その中でも出来高払を上手に導入すれば、生産性と労働者個人の能力の向上を図り、無駄な人件費を抑えることができます。

もちろん、労働者にとってみれば、安定した収入が得られないことが生じ不安や不満の火種となる場合がありますが、単純労働においてスピードと正確さを求める事業主にとってみれば、導入することに意義があるという考え方もあるようです。仕事を要領よく覚えるのが早い労働者にとってみれば、出来高払を取ってもらったほうが好都合である場合もあります。ただし、ここでも労働基準法の縛りがあります。労働基準法第27条に出来高払制の保障給という項目があります。

> 出来高払制その他の請負制で使用する労働者については、事業主は労働時間に応じ一定額の賃金の保障をしなければならない（労働基準法27条）。

これは、労働したのであれば一定額の賃金を保障し、労働者の生活を保障することを目的としています。

具体的には行政解釈によるところであり、「労働者の責に基づかない事由によって実収賃金が低下することを防ぐ趣旨であるから、労働者に対し常に通常の実収賃金とあまり隔たらない程度の収入が保障されるように保障額を定めること」（昭和22年9月13日基発第17号）とされており、少なくとも平均賃金の6割程度が妥当とされています。

ただ、本人都合での欠勤による場合でも保証給の支給を義務付けるものではなく、あくまでも労働基準法第27条に規定されているように労働時間に応じての保障で足ります。こちらも行政解釈において、「労働者が労働しない場合には、出来高払制たると否とを問わず、本条の保障給を支払う義務はない」（昭和23年11月11日基発第1639号）とされています。

3．労働時間について

(1) 農業と労働時間・休憩・休日

昔と違い、今は転職する方が多いです。その理由は、自らのキャリアアップのためだけではなく、労働条件が合わないこともあります。いずれにせよ、良い人材の定着が最大の経営戦略であり最大の経営課題であると言え、今後の経営の発展につながるものです。

農業に限ったことではないのですが、基本的に企業は労働基準法の遵守が要求されます。法令遵守の企業に勤めることにより、労働者は安心と納得を得られます。特に、福利厚生を重要視する現代において、労働時間・休憩・休日の項目は重要です。

農業は、気候や天候に左右されることが多いため、他の事業とは違い労働時間や休日に関して取扱いが柔軟になっています。これは農業を営む事業主にとって利点でもあり、また欠点でもあります。農業における労働時間や休日に関しては、労働基準法第41条に明記されています。

労働基準法第41条　この章（第４章）、第６章及び第６章の２で定める労働時間、休憩及び休日に関する規定は、次の各号の一に該当する労働者については適用しない。

一　別表第一第六号（林業を除く）又は第七号に掲げる事業に従事する者。

別表第一第六号
　土地の耕作若しくは開墾又は植物の栽植、栽培、採取若しくは伐採の事業その他農林の事業

別表第一第七号
　動物の飼育又は水産動植物の採捕若しくは養殖の事業その他の畜産、養蚕又は水産の事業

　分かりやすく解説しますと、労働基準法第41条によると次の事項が農業には適用されません。

①　労働時間　（同法32条～32条の５）

＊農業に従事する労働者には、同法上１週40時間１日８時間を超えて労働させても差し支えありません。

②　休暇　（同法34条）

③　休日　（同法35条）

＊同法上、事業主は労働者に対して、１週に１日の休日を与えなければならないとされていますが、農業においては１週１日の休日は与えなくても差し支えありません。

④　労働時間・休憩の特例　（同法40条）

＊同法上、労働時間が6時間を超える場合は45分、8時間を超える場合は1時間の休憩を労働時間中に与えなければなりませんが、農業においては休憩の付与の義務はありません。

⑤　時間外・休日労働　(同法33条、36条)

⑥　時間外・休日労働の割増賃金　(同法37条)

＊農業は時間外・休日労働の概念がないため、労働者に対して一定率の割増を付与した賃金を支払う義務はありません。

⑦　年少者の労働時間・休日　(同法60条)

⑧　妊産婦の労働時間　(同法66条)

つまり、時間管理に関しては法律によらないということです。ただし、同法は労働時間と深夜業を区別して使用している関係から、同法第41条にいう「労働時間」も深夜業を含まないと解されるので、次に示す年少者および妊産婦の深夜業禁止に関する第61条、第66条第3項および割増賃金に関する第37条中の深夜労働に関する割増賃金は適用除外になりません。また、年次有給休暇に関する第39条の規定も適用除外となりません。

労働基準法第61条　事業主は、満18才に満たない者を午後10時から午前5時までの間において使用してはならない。ただし、交替制によって使用する満16才以上の男性については、この限りでない。

労働基準法第66条第3項　事業主は、妊産婦が請求した場合においては、第32条の2第1項、第32条の4第1項及び第32条の5第1項の規定にかかわらず、1週間について第32条第1項の労働時間、1日について同条第2項の労働時間を超えて労働させてはならない。

労働基準法第39条　事業主は、その雇入れの日から起算して6箇月間継続勤務し全労働日の8割以上出勤した労働者に対して、継続し、又は分割した10労働日の有給休暇を与えなければならない。
（労働基準法第39条第７項には、年次有給休暇が10日以上発生した労働者に年５日の年次有給休暇を取得させなければならない旨が定められています。罰則規定も設けられており、違反した場合には対象となる労働者１人あたり30万円以下の罰金が科されることがあります。）

⑵　所定労働時間

所定労働時間とは、就業規則などで定められた始業時から終業時までの時間から休憩時間を除いた時間のことを言います。一般的には、１日８時間１週40時間の範囲内で定めなければなりませんが、農業では労働時間関係について労働基準法の規制がないので、所定労働時間を自由に設定できます。これは、農業では、法定労働時間から大きく逸脱せず、過重労働にならない範囲で、１日の所定労働時間や１週間の所定労働時間、または１か月の所定労働時間を自由に設定することが可能だということであり、この労働時間の設定が農業の労務管理の大きなポイントだといえます。

しかし、ここで注意しなければならないのは、農業については労働時間関係が労働基準法の適用除外であるということは、農業は、農閑期に十分休養を取ることができる等の理由から、法定労働時間等の原則を厳格な罰則をもって適用することは適当でなく、法律で保護する必要がないと考えられているからです。したがって、事業主は、「労働者に長時間労働をさせてもよい」などと誤った理解をしないよう留意しなければなりません。

例えば、農繁期には労働時間を長く、反対に農閑期には労働時間を短く設定するといったことが可能です。休日は、他産業では週休２日制が一般的になっているなか、農業では月に４～６日程度というケースが多いようですが、農繁期は少なく、その分農閑期に多くし、年間を通じた休日数を他産業並みに付与しているという例もあります。

最近の農業労働は、機械化・通年化の進展や、他産業を下回るような労働条件で優良な労働力を確保することは困難なこと等の理由から、他産業並み、もしくは他産業を上回るような労働条件の確保に努めている事業場も増えてきています。具体的には、所定労働時間を法定労働時間の「週40時間」に設定している事業場が農業の現場でも年々増えていますし、所定休日も年間100日超とする事業場も増えてきました。所定労働時間や休憩・休日の設定は、できるだけ法定労働時間に近づけるよう努力すべきでしょう。

ところで、農業では残業代に時間外の割増率をつける必要はありません。ただし、次の理由等により割増率をつける例は増えています。

① 地域雇用の受け皿となるべく、他産業と同等の労働条件を確保するため
② 6次産業化を円滑に推進する上で、全社一律の労働条件を確保する必要があるため
③ 外国人技能実習生を受入れる事業場であるため（外国人技能実習生に対しては、割増率をつけることが求められている）

なお、午後10時から午前5時までの間の深夜労働の割増率（25%）は、労働基準法上適用除外とされていないので注意が必要です。

4．労働保険と社会保険

(1) 異業種から農業に進出した場合

農家の高齢化や耕作放棄地の拡大といった問題に直面している日本の農業において、建設や食品・流通・外食などの異業種企業の農業参入が相次いでおり、国も参入を促す施策を次々と打ち出しています。昔から突出して多い

のは建設業の参入です。やはり、もともと労働集約型産業であることで、労働力を自前で確保しやすいことや、保有する重機を農地の開墾に利用できることもあります。近年においてはスーパーや外食といった流通・サービス業からの参入です。こうした業界は、高い品質の農産物を安定的に調達することと、食の安心・安全を消費者にアピールすることが重要になっていることが参入の要素となっているでしょう。

農業に異業種進出する場合に気をつけなければならないのが、仕事の内容が全く違うことから、仕事に対する危険度が変わるということです。そこで注意しなければならないのは、異業種進出した場合の労働保険の成立です。

例えば、今まで飲食業をやっていた会社が、新たに農業分野に事業展開するとします。

令和６年度労災保険料率（単位：１／1,000）

事業の種類	労災保険率
農業又は海面漁業以外の漁業	13
卸売業・小売業、飲食店又は宿泊業	3

飲食業の労災保険料率は３／1,000（令和６年度）で、農業は13／1,000（令和６年度）です。労災保険料率が異なることから新たに労災保険を成立させなければなりません。

労働保険の中のもう一つの保険、雇用保険はどうするのでしょうか。

令和６年度雇用保険料率（単位：１／1,000）

事業の種類	雇用保険率
一般の事業	15.5
農林水産・清酒製造の事業	17.5

飲食業は一般の事業になりますので、15.5／1,000（令和６年度）です。一

方で農業は、農林水産・清酒製造の事業に該当しますので、17.5／1,000（令和６年度）となります。

いずれにせよ、異業種進出の際には、管轄の監督官庁にご確認の上、手続をすすめられた方がいいかと思います。事業規模の大小、売り上げ比率によって、多少認識が変わることもあります。もちろん、異業種進出を機会に別法人を立ち上げるのであれば、労災保険も雇用保険も別個成立させる必要性はあります。

(2) 農業から異業種に進出した場合

６次産業化などで農業から新たな業種に展開する場合もあるでしょう。前述のとおり、労災保険と雇用保険を別個成立させる可能性はありますが、それ以外にも注意しなければならないこともあります。それは農業独自の労働基準法の適用除外の関連です。

労働基準法の適用除外は、あくまでも農業に従事している労働者を対象にしたものです。例えば、自社における農産物を利用したレストランを、別事業として展開する場合です。ここには、農業に携わっていない店長がいて数人の学生アルバイトを雇い入れたとします。これらの労働者は、農業に携わっていないために、労働条件通知書等を取り交わす場合には、始業・終業時間の定めが必要になりますし、法定労働時間を超えた場合には割増賃金の支払いが必要になります。

(3) 法人化による農業者年金の取扱い

農業者年金は、国民年金の第一号被保険者である農業者がより豊かな老後生活を過ごすことができるよう国民年金（基礎年金）に上乗せした公的な年金制度です。ただし、国民年金の第一号被保険者である農業者に対しての制度であるため、法人化により普通のサラリーマンと同様の取扱いである第二号被保険者になった場合は、どのようになるのでしょうか。

法人化は大きく分けて、個人が法人化する場合と集落営農が法人化する場合とが考えられます。各々の取扱いは次のとおりとなります。

【厚生年金適用の農業法人】
　農業者年金は、厚生年金の適用を受けない国民年金の第１号被保険者が加入対象となりますので、厚生年金の適用事業場となった農業法人の方は加入することができません。
【厚生年金適用外の農業法人】
　①法人化されていない集落営農組織に参加した農業者は、農業者年金に加入することができますし、②集落営農組織が従事分量配当制の農事組合法人になった場合には、その労働者となっても税法上給与支給に該当しないため、厚生年金の適用とならず、農業者年金に加入することができます。

　農業法人の場合は、法人化して労働者が厚生年金に加入する必要が出てきます。法人が年金事務所にて新規適用を届け出ることにより厚生年金に加入します。その上で農業者年金に入っていた人は、農業者年金基金に脱退届を出すことで農業者年金から脱退することになります。脱退することとなると、今までの加入期間に対する年金がもらえなくなるのではないかと心配される人がいます。実際にもらえないと思ってあきらめる人やそれにより法人化をあきらめる人がいるということも耳にします。

　しかし、農業者年金の加入資格を失うだけで受給資格が失うことにはなりません。新しく厚生年金に移行した後の期間は、いわゆる「カラ期間（年金額には反映されないが受給資格期間として認められる期間）」として農業者年金加入期間として合算されます。

　労働者事業主の場合、法人から役員報酬という給料をもらっていると、年金制度上は労働者同様、被保険者として取り扱われます。

　パート・アルバイトなど労働時間や勤務日数が通常の正規雇用社員よりも

短く、厚生年金に未加入であることが認められる労働者は、引き続き国民年金と農業者年金に加入することができます。

この農業者年金の取り扱いは複雑であり、将来に受給できる年金額に大きな影響を与えるため、JAや農業者年金基金に確認する必要はあります。

5．農地所有適格法人設立後の各種届出書類（労務関係）

労働者を1人でも雇用した場合、労働基準監督署に次の書類を提出しなければなりません。

提出先	書類等の名称	提出期日と注意事項
労働基準監督署	労働保険関係成立届	労働保険関係が成立した日から10日以内
	概算保険料申告書	労働保険関係が成立した日から50日以内

雇用保険の適用となる労働者（1週間の所定労働時間が20時間以上・31日以上の雇用の見込みあり）を雇用する場合には、ハローワークに次の書類を提出しなければなりません。

提出先	書類等の名称	提出期日と注意事項
ハローワーク	雇用保険適用事業所設置届	設置の日から10日以内
	労働保険関係成立届	労働保険関係が成立した日から10日以内
	概算保険料申告書	労働保険関係が成立した日から50日以内
	雇用保険被保険者資格取得届	労働者を雇った月の翌月10日まで

農業法人（特に会社法人）の場合は、健康保険・厚生年金保険の適用事業場となり、管轄の年金事務所に書類を提出しなければなりません。

提出先	書類等の名称	提出期日と注意事項
年金事務所	新規適用届	事業開始後5日以内
	被保険者資格取得届	
	被扶養者（異動）届	
	保険料口座振替納付（変更）申出書	

提出先によっては、申請書類のほかに登記簿謄本などの添付書類を求めることがあります。

※パートタイマーの社会保険の取扱い

ちなみに、パートタイマーが健康保険・厚生年金保険の被保険者となるか否かは、常用的使用関係にあるかどうかを労働日数・労働時間・就労形態・職務内容等を総合的に勘案して判断されます。その一つの目安となるのが、就労している人の労働日数・労働時間です。

①　1日又は1週間の労働時間が正社員の概ね3／4以上であること。
②　1か月の労働日数が正社員の概ね3／4以上であること。

また、例えば夫がサラリーマンとして社会保険に加入している場合、妻である農地所有適格法人のパートの年収が130万円未満だと夫の健康保険の被扶養者となることができますが、パートの収入・労働時間により、妻の加入する健康保険・年金は次のように分類することができます。

	健康保険関係	年金関係
労働時間・労働日数が共に3／4以上	妻自身が健康保険に加入	妻自身が厚生年金保険に加入
労働時間3／4未満かつ年収130万円未満	夫の健康保険の被扶養者	国民年金の第3号被保険者
労働時間3／4未満かつ年収130万円以上	妻自身が国民健康保険に加入	妻自身が国民年金の第1号被保険者として加入

6．労務管理におけるその他の注意点

(1) 助成金

助成金は、労働者の職業の安定に資するために、失業の予防、雇用機会の増大、雇用状態の是正、労働者の能力開発等を図る目的で支給されます。労務管理にかかわる厚生労働省管轄の助成金の種類は次のとおりに分かれます。

①労働者の雇用維持を図る場合の助成金
②離職する労働者の再就職支援を行う場合の助成金
③労働者を新たに雇い入れる場合の助成金
④労働者の処遇や職場環境の改善、生産性向上を図る場合の助成金
⑤障がい者が働き続けられるように支援する場合の助成金
⑥仕事と家庭の両立に取り組む場合の助成金
⑦労働者等の職業能力の向上を図る場合の助成金
⑧労働時間・賃金・健康確保・勤労者福祉関係の助成金

また、農業独自の雇用助成金制度として、雇用就農資金があります。
厚生労働省管轄の助成金の中には、健康・環境・農林漁業分野等は重点分

野関連事業であるとして、これらの分野に特化した助成金もあります。農業はこれから人材育成や制度設計の面で、より一層一般の企業と同等以上の期待がされています。

⑵　メンタルヘルス

最近デリケートな問題として多いのが、メンタルヘルスに関わる労災や解雇、そして労使間のトラブルです。こうした問題の大抵は、事業主の誤った労務管理やコミュニケーション不足から発展するものです。

現場で働く労働者に対し、事業主の指揮命令は絶対的なものであると認識している事業主はまだまだ多いと見受けられます。それは100％誤ってはいないのですが、度が過ぎた場合、果たしてそのようなワンマンに近い事業主についていく労働者はどれだけいるのでしょうか。

今、労務管理に求められていることは、労働者の個性と能力を引き出して伸ばす方法です。優良企業各社は研修を通して労働者を成長させ、人事考課によってモチベーションを上げ、潜在能力をいかんなく発揮させています。もちろん、労働者を雇用する際の面接手法からの見直しも図っています。

そのようにして雇用し育て上げた労働者を、些細な誤解から労使間のトラブルに発展させ、メンタルヘルスに陥って退職やむなしとなり、その労働者を失った上に、多大な賠償をしなければならなくなったということは避けたいものです。やはり、労働者の定着を図ることへの注力は必要になってくるかと思います。

農業は、労働基準法の労働時間等に適用除外がある数少ない業種です。それだけ自由度があるということになりますが、過重労働させても良い業種ということにはつながりません。他の業種に引けを取らない労務管理の遂行と労働条件の整備をし、優秀な人材を確保し続けることが、法人の発展につながります。

7．人材活用について

⑴ 外国人材の受け入れ

外国人材の受け入れは、農業の分野において重要な施策となっています。特に近年は、「特定技能」といわれる在留資格が「技能実習」に取って変わると言われています。なお、現行の技能実習制度に代わる、「育成就労制度」が、2024年3月15日に閣議決定しました。今後、外国人材が重要な担い手で、貴重な労働力になっていくことは確実でしょう。

⑵ 特定技能が生まれた背景

令和5年10月末時点で、外国人労働者数は2,048,675人で、前年比225,950人増加し、届出が義務化された平成19年以降、過去最高を更新し、対前年増加率は12.4%となっています。労働力としての外国人材の確保は急務となっています。

その一方で、技能実習では、実態はともかく、純粋に労働力の確保とは言うことはできません。

そこで、特定技能という新たな在留資格を創設することで、外国人材の拡大を促進し、国内で、技術やスキルを持った外国人労働者の数が増えることが期待されます。

⑶ 農業における技能実習と特定技能の比較

項目	特定技能	技能実習
目的	労働力不足の解消そのものが目的	国際協力の一環であり、労働力不足解消が目的ではない
法的根拠	出入国管理及び難民認定法	技能実習法

受け入れ業種と職種	耕種農業全般、畜産農業全般 「耕種農業全般」と「畜産農業全般」の業務を合わせて行うことは不可	耕種農業の一部、畜産農業の一部
在留資格	特定技能１号 特定技能２号	技能実習１号 技能実習２号 技能実習３号
在留期間の長さ	特定技能１号：通算５年 特定技能２号：期間制限なし	技能実習１号：１年以内 技能実習２号：２年以内 技能実習３号：２年以内
入国時試験	分野ごとの技能試験・日本語能力試験 ※技能実習２号を良好に修了、あるいは技能実習３号を修了している場合は免除	原則無し
技能水準	分野ごとの技能が必要	原則無し
転職	可能	技能実習２号から３号への移行のタイミングのみ転職可能
家族滞在	特定技能２号であれば、配偶者と子供のみ可能	不可
受入人数	無制限	常勤労働者総数に応じる
関与外部機関	原則なし	「監理団体」「技能実習機構」「送出機関」
採用	受入事業者が直接採用を行い、または国内外のあっせん機関等を通じて採用 農業は、派遣にて雇用も可能	監理団体と送り出し機関を通じてのマッチング

(4)　農福連携

農福連携とは、障がい者等の農業分野での活躍を通じて、自信や生きがいを創出し、社会参画を促す取組であり、「農業における課題」と「福祉における課題」の解決をし、双方にメリットをもたらす取り組みです。

【農福連携のメリット】

① 農業側のメリット

障がい者を受け入れることにより、担い手不足が解消され、農地の維持・拡大に繋がる。

② 福祉側のメリット

業務請負契約を締結し、施設外就労を請け負うことで、障がい者は高い工賃を受けることができ、将来的には、直接雇用に繋がる。

また、実績が伴えば、契約の継続、新規の施設外就労先の確保ができ、施設経営の安定に繋がる。

取り組む場合は、まずは作業の洗い出しを行い、障がい者に適した業務を障がい者施設側（概ね、サービス管理責任者が対応する）と確認し、適した人材を活用することになります。

(5) 雇用就農資金

雇用就農者の確保・育成を推進するため、就農希望者を新たに雇用する農業法人等に対して資金を助成します。また、農業法人等がその職員等を次世代の経営者として育成するために国内外の先進的な農業法人や異業種の法人へ派遣して実施する研修を支援します。雇用就農資金には次の３タイプがあります。

(ア) 雇用就農者育成・独立支援タイプ

(イ) 新法人設立支援タイプ

(ウ) 次世代経営者育成タイプ

各都道府県の農業会議が窓口となっており、受給に当たっては、各農業会議主催の雇用管理者向け研修会を受講していただく場合があります。

第７章　農業の承継に関する支援（主に税務面から）

１．農業の経営承継とは

本書では、農家が法人化して経営を発展させていくことを一つのモデルとして述べています。承継に関しても法人における承継を述べる方が本書の趣旨には合っているのでしょうが、農業においては、法人の承継より個人農家の承継の方がより複雑となっています。法人における後継者への事業承継については、手続面から言えば「社長の立場」と「株式」を後継者へ譲ることにより完結します。株式を異動する際の税金は検討事項ですが、個人と比較すると至ってシンプルです。したがって、あえて本章では、主に個人農家の承継について記述します。

農業経営の承継は一般的にいくつかの承継プロセスを経て経営承継が完了します。経営承継を成功に導くためには現経営者の価値観、就農後の歴史、農業に対する考え方や信条といった理念を明確にし、後継者へ自身の想いを伝えていくことが重要です。

家族経営の場合で考えると、まず後継者を選定し、教育するところから始まり、生産技術や技能の継承、部分的な作業の分担、経営権の委譲、経営者能力の継承、経営資産の継承などが続きます。この経営資産の継承は、家族経営の場合には相続によって行われることが多いのですが、法定相続分による遺産分割を行った場合などは経営資産が農業相続人以外へ分散し、農業経営に悪影響を及ぼす可能性があります。

このような事態を避けるためには遺言等による農業継承者へ経営資産を一括で相続させるような対策や、生前の一括贈与制度の利用などを検討していく必要があります。

そして、農地の権利移転が主として相続により引き継がれている実態を考えると、相続が終われば経営継承は完了したと考える方も多いものと思われます。したがって、個人農家の事業承継においては相続に関わる対策、手続、税金等を知ることが非常に重要となってきます。

また、経営資産の継承に係る税負担についても、いつ、誰が、誰に、何を、どのような方法で資産移転するかで課税関係が異なります。法人化した方が良いのか、生前贈与するのか、または相続まで待つのかなど経営承継においては基本的な税制を理解した上で対策を講じる必要があります。

2．相続による農業経営承継

経営資産の承継を考える上で生前に事業承継者へ贈与するか、相続まで先延ばしするかは農業経営者が頭を悩ませる問題です。税負担の観点から考えると承継する経営資産が相続税の基礎控除以下である場合は承継する資産に対して相続税はかかりません。また、農業を承継する農業相続人がいる場合は市街地農地など相続税評価額が高額となるような農地を所有していても相続税納税猶予制度を適用し、農業を続ける限り課税を将来に渡り繰延べる又は免除する制度があります。反面、農業相続人がいない場合は相続税納税猶予制度の適用が受けられず、多額の税負担を強いられる可能性があります。いずれにせよ、農業経営者が事業承継や廃業を考える上で自身が所有する財産はどの程度の価値があり、現状ではどのくらいの相続税負担となるのか頭に入れておく必要があります。

３．相続税の概要

(1) 相続税とは

相続税とは、個人が死亡した人の財産を相続や遺贈などによって取得した場合に、取得した財産の価額を基にして課される税金です。

相続税は、原則的に財産の価額が基礎控除額（3,000万円＋600万円×法定相続人数）を超えた場合に課税されます。

仮に法定相続人数が１人である場合、3,600万円の基礎控除額となり、被相続人の遺産総額が基礎控除額以下であれば相続税の申告書を提出する必要はありません。

ただし、すべての遺産が現金であれば、遺産総額は現金額となり、簡単に基礎控除額以下かどうかの判断が可能となりますが、遺産の種類により評価額の算出方法は異なります。

特に農地の場合には区域や用途により固定資産税評価額と大幅に乖離する場合もあり、単純に固定資産税評価額で相続税申告の有無を判断するのは危険といえます。

農家の相続においては、農地を含めた土地の評価方法を知っておくことが重要です。

(2) 土地の評価単位

土地の評価は、原則として宅地、畑、田、山林、雑種地、原野、牧場、池沼、鉱泉地、雑種地いずれかの地目毎に評価します（財産評価基本通達７）。

地目の判定及び地積については、「相続開始時の現況により判断」するため公簿とは異なる場合も多く、実際の評価にあたっては現地確認が必要です。

⑶　評価の方式

土地の評価方式には、路線価方式と倍率方式があります。

ア．路線価方式（財産評価基本通達13、14）

路線価方式とは、宅地の評価単位である１画地の面する路線（不特定多数の者の通行の用に供されている道路）に付された路線価を基礎として、その画地の地積を乗じて求めた金額により評価する方法で、道路網の発達した市街地の評価に多く適用されています。

路線価は、宅地の価額がおおむね同一と認められる一連の宅地が面している道路ごとに設定され、１月１日時点、１㎡あたりの価額を毎年、国税庁が公表します。

評価金額はその宅地の形状や利用状況等、諸々の要素を補正した価額となります。

イ．倍率方式（財産評価基本通達21）

倍率方式とは市区町村長が決定した固定資産税評価額に国税局長が一定の地域ごとにその地域の実情に即するように定めている倍率を乗じて計算する方法です。

主に市街地区域以外の土地に適用されます。

⑷　宅地の評価

宅地の相続税評価額は、路線価方式または倍率方式で計算され、いずれの評価方法となるかは各国税局の定める「財産評価基準書」に示されています。路線価方式は課税のための不動産価格となりますので、公示価格に比して低い価格が設定されております。公式的には公示価格の８割程度といわれております。

宅地の評価にあたっては土地の筆ごとではなく、利用単位ごとに評価されます。例えば、一筆の宅地内に貸付用不動産と自己が居住する自宅がある場合は利用単位が異なることから、それぞれの利用面積に応じた評価を行います。

(5) 税務上の農地の評価（財産評価基本通達 34、36 ～ 40）

農地の税務上の評価は農地法や都市計画法などの分類を基に次の４種類に分けられ、それぞれ倍率方式または宅地比準方式で評価されます。前述のとおり、実際行う評価は必ずしも登記簿及び固定資産税評価証明書上の地目によるものではなく相続開始時点の現況により判断されます。

区分	評価方法	おおまかな目安
純農地	倍率方式	原則、市街化調整区域内農地
中間農地		
市街地周辺農地	宅地比準方式 （路線価方式または倍率方式）× 80％	
市街地農地	宅地比準方式 （路線価方式または倍率方式）	原則、市街化区域内農地

（財産評価基本通達 37、38、39、40）

ア．宅地比準方式

宅地比準方式とは、その農地が宅地であるとした場合の価額からその農地を宅地に転用する場合にかかる造成費に相当する金額を控除した金額により評価する方法をいいます（財産評価基本通達 40）。ここでいう造成費の金額は整地、土盛り又は土止めに要する費用の額が、おおむね同一と認められる地域、年分ごとに各国税局長が定めており、財産評価基準書に記載されております。

イ．農地の区分

純農地……農用地区域内にある農地、市街化調整区域内にある農地のうち、第１種農地又は甲種農地に該当するものなど

中間農地……第２種農地に該当するものなど

市街地周辺農地……第３種農地に該当するものなど

市街地農地……農地法第４条《農地の転用の制限》又は第５条《農地又は採草放牧地の転用のための権利移動の制限》に規定する許可を受けた農地、市街化区域内にある農地

ウ．農地の分類

前記の農地の区分と①農地法、②農業振興地域の整備に関する法律、③都市計画法との関係は、基本的には、次のとおりとなります。

①　農地法との関係

(ア)　農用地区域内にある農地

財産評価基準書上の区分→純農地

(イ)　甲種農地（農地法４条２項１号ロに掲げる農地のうち市街化調整区域内にある農地法施行令12条に規定する農地。以下同じ。）

財産評価基準書上の区分→純農地

(ウ)　第１種農地（農地法４条２項１号ロに掲げる農地のうち甲種農地以外の農地）

財産評価基準書上の区分→純農地

(エ)　第２種農地（農地法４条２項１号イ及びロに掲げる農地（同号ロ(1)に掲げる農地を含む）以外の農地）

財産評価基準書上の区分→中間農地

(オ)　第３種農地（農地法４条２項１号ロ(1)に掲げる農地（農用地区域内にある農地を除く））

財産評価基準書上の区分→市街地周辺農地

(カ)　農地法の規定による転用許可を受けた農地

財産評価基準書上の区分→市街地農地

(キ)　農地法等の一部を改正する法律（平成21年法律第57号）附則第２条第５項の規定によりなお従前の例によるものとされる改正前の農地法第７条第１項第４号の規定により転用許可を要しない農地として、都道府県知事の指定を受けたもの

財産評価基準書上の区分→市街地農地

②　農業振興地域の整備に関する法律との関係

(ア)　農業振興地域内の農地のうち

Ａ　農用地区域内のもの……純農地

Ｂ　農用地区域外のもの……①の分類による。

(イ)　農業振興地域外の農地……①の分類による。

③　都市計画法との関係

(ア)　都市計画区域内の農地のうち

Ａ市街化調整区域内の農地のうち

(A)　甲種農地……純農地

(B)　第１種農地……純農地

(C)　第２種農地……中間農地

(D)　第３種農地……市街地周辺農地

Ｂ市街化区域（都市計画法７条１項の市街化区域と定められた区域をいう。以下同じ。）内の農地……市街地農地

Ｃ市街化区域と市街化調整区域とが区分されていない区域内のもの……①の分類による。

(イ)　都市計画区域外の農地……①の分類による。

（注）　甲種農地、第１種農地、第２種農地及び第３種農地の用語の意義は、平成21年12月11日付21経営第4530号・21農振第1598号「『農地法の運用について』の制定について」農林水産省経営局長・農村振興局長連名通知において定められているものと同じです。

エ．農地の評価単位

純農地や中間農地に該当する田や畑等の農地は、地目ごと、かつ、耕作の単位（あぜ等で区分けされた農作物の栽培単位）となっている「1区画ごとの農地」をその評価単位として評価することになっています（財産評価基本通達7の2(2)）。

市街地農地や市街地周辺農地に該当する農地で宅地比準方式により評価する場合は、耕作の単位としてではなく、宅地の評価と同様に「利用の単位」となっている一団の農地をその評価単位とすることになるため注意が必要です（一団の農地内に生産緑地に指定されている農地がある場合を除きます）。

なお、前記農地について永小作権や耕作権の権利設定されている部分は権利者ごとに1利用単位として評価します。

【純農地・中間農地に該当する場合の評価単位】

――― 評価単位

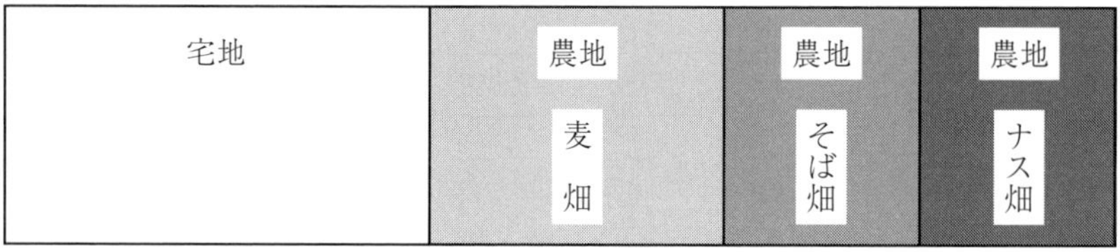

宅地	農地 麦畑	農地 そば畑	農地 ナス畑

それぞれの畑があぜ等により区分されている場合は耕作の単位は3つとなり、区分された区画ごとに評価します。

なお、区分がはっきりしていない場合は、作物ごとの耕作面積とせずに一筆の農地を1区画の農地として評価します。

宅地は別に評価します。

【市街地農地・市街地周辺農地に該当し宅地比準方式で評価する場合】

――― 評価単位　　　　―･―･―･･ 耕作の単位

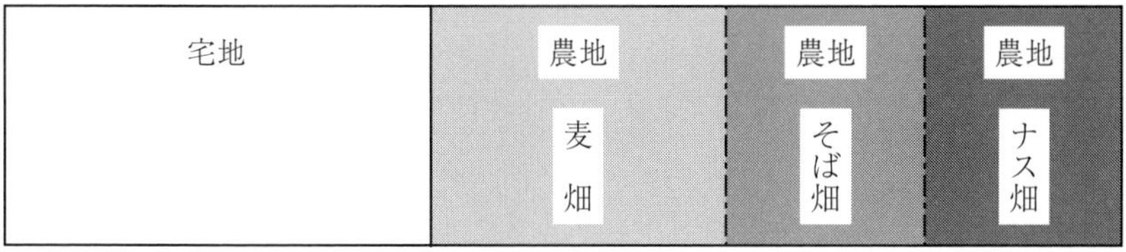

宅地	農地 麦畑	農地 そば畑	農地 ナス畑

一団の農地として利用されている部分が評価単位となるため麦畑、そば畑、ナス畑をまとめて１つの農地として評価します。宅地は別に評価します。

⑹　農業用施設用地の評価

評価する宅地が農業振興地域の整備に関する法律第８条第２項第１号に規定する農用地区域内又は都市計画法第７条第１項に規定する市街化調整区域内に存する一定の農業用施設用地である場合の評価方法は、農地であるとした場合の１㎡あたりの価額にその農地を課税時期においてその農業用施設に供されている宅地とする場合に通常必要と認められる１㎡あたりの造成費に相当する金額として整地、土盛りまたは土止めに要する費用がおおむね同一と認められる地域ごとに国税局長の定める金額を加算した金額にその宅地の地積を乗じて計算した金額によって評価することとなります（財産評価基本通達24の５）。

⑺　家屋の評価

自宅や作業小屋、農業用倉庫など家屋の評価は自用のものであれば固定資産税評価額に1.0を乗じて計算した金額が相続税評価額となります（財産評価基本通達89）。市町村役場で固定資産評価証明書を取得すれば金額が記載されております。

なお、借家権の目的となっている貸家の評価は自用として評価した価額から借家権の価額に賃貸割合を乗じて求めた価額を差し引いた金額が相続税評価額となります（同通達93）。

⑻　農協等の出資金の評価

農業協同組合や信用金庫の出資金は払込済出資金額により評価します（財産評価基本通達195）。農事組合法人の出資金は純資産価額を基とし、出資持分に応ずる価額により評価します（同通達196）。

⑼　一般動産の評価

農業等事業用の機械装置、工具器具備品、車両運搬具等の一般動産は原則として１個または１組ごとに評価します。

評価額は売買実例価額、精通者意見価格等を斟酌して評価しますが、売買実例価額等が不明の場合は、同種同規格の新品小売価額から、製造時から課税時期までの期間の償却費の合計額又は減価の額を控除した金額により評価します（財産評価基本通達129）。

ただし、商品や原材料、生産品などの棚卸商品・牛馬・書画骨董など特別な動産は、一般動産として評価せず、それぞれ、別の財産評価基本通達の定めにより、評価しますので注意が必要です（同通達133、135）。

⑽　法定相続人と法定相続分

相続の割合は被相続人の遺言が優先されますが、遺言がない場合、法定相続分が遺産の承継割合となります。

順位	法定相続人	法定相続分
第１順位	配偶者と子（直系卑属）	配偶者1/2・子1/2
第２順位	配偶者と親（直系尊属）	配偶者2/3・親1/3
第３順位	配偶者と兄弟姉妹	配偶者3/4・兄弟姉妹1/4

相続人になるはずであった子が親よりも先に死亡している場合は、その死

亡した子に代わって、その子の子（被相続人の孫）が相続人となります。これを「代襲相続」といいます。子の代襲相続人である孫は、第１順位の相続人となります。孫もすでに死亡している場合には、孫の子が代襲相続人となります。

⑾　相続税の申告と納付

相続税の申告は、その相続の開始があったことを知った日の翌日から10か月以内に、申告書を被相続人の住所地の所轄税務署長に提出して行うことになっています（相続税法27条）。

なお、納税額のない人は、原則として申告書の提出は必要ありません。ただし、配偶者の税額軽減または小規模宅地等の評価減を適用することにより納税額がゼロとなる人や、農地等の納税猶予の特例を受ける人は、申告書の提出が必要です。原則として申告は相続人全員の連名で提出します。

ア．納税

相続税の納税は、申告書提出期限までに金銭で、一時に納付することを原則とします。ただし、延納の制度があり、相続税額が10万円を超え、金銭で一時に納付することの困難な理由がある場合は、その困難とする金額を限度として年賦延納を申請することができます（相続税法38条１項）。

また、延納によっても納付が困難な場合には、その困難な金額を限度として、相続により取得した有価証券や不動産を相続税に充当するための物納申請がありますが、許可条件はかなり厳しいものとなっています（同法41条１項・２項）。

イ．農業相続人が農地等を相続した場合の納税猶予の特例（租税特別措置法70条の6、同法施行令40条の7、同法施行規則23条の8）

農業の用に供されていた農地等について、農業を営んでいた被相続人から、相続人が農地等を取得した場合で、今後も引き続き農業を営んでいくことにより相続税の納税猶予の特例制度を受けることができます。これは、通常の評価額で計算した相続税と、農業用地としての評価額（農業投資価格）を基に計算した相続税との差額を一定要件のもとに猶予するというものです。さらに、特例の適用を受けた農地等について、諸々の条件を満たすことでその納税猶予額が免除される場合もあります。

この特例は三大都市の特定市街化区域農地に係る平成4年1月1日以後の相続については、「宅地化する農地」を選択した場合には適用できなくなりました。

また、生産緑地地区内にある一定の農地等については、この規定の適用を受けることができますが、20年間継続して農業を営んだ場合による納税免除規定はなくなったので、納税猶予額の免除を受けるためには、原則として相続人が終生農業を続けることが必要になります。

さらに、平成21年税制改正により、改正農地法施行日（平成21年12月15日）以後の相続・遺贈については、市街化区域外の農地についても20年間の営農継続による納税免除規定はなくなりました。

適用にあたっては農業相続人の離農可能性や、売却可能性を考慮し慎重な判断が必要です。

なお、贈与税の納税猶予には、そもそも20年間の営農継続による免除規定はありません。

ウ．相続税納税猶予の打切り（租税特別措置法70条の6）

納税猶予を受けた相続税について、免除要件に該当する前にその農業相続人が農業経営を廃止した場合、または特例農地等につき譲渡等をした場合などは、その時に納税猶予が打ち切られ、納税の猶予を受けている相続税額の全部または一部を利子税と併せて納付しなければならず、延納や物納も認められません。

したがって、特例農地等の売買、転用、貸付け、収用等における買取り申出や諸事情により離農する場合等は打切事由に該当するかどうかの確認が必要です。

エ．相続税納税猶予適用状況の確認

㈠　相続税申告書控えを確認

相続税納税猶予の適用を受けるには、相続税の期限内申告が必要であり、相続税の申告内容を確認することで特例適用対象地を判断します。

㈡　税務署での確認

相続税の申告書を提出した所轄税務署に納税者が出向けば身分証明書等の提示により確認できます。その他、一定の親族や司法書士、行政書士等の士業の者が確認に行く場合は所定の委任状等が必要となります。

㈢　継続届出書等の提出の有無

相続税の納税猶予を受けるために、３年ごとの継続届出書等を提出している場合もあります。しかし、その納税猶予に係る農地等の全部を担保とした場合は不要になる場合もあり、提出が無くても納税猶予を受けている可能性があります。

㈣　農業委員会への確認

相続税の納税猶予を受けるには、農業相続人として適格者であることを農業委員会から証明してもらう必要があるため、問い合わせてみるのも一つの方法です。

㈤　担保物件の確認

相続税の納税猶予を受けるためには、担保の提供が必要です。土地登記事項証明書を取得し、財務省による抵当権の設定有無を確認する方法があります。しかし、当該農地を担保提供せずに納税猶予を受けている場合は抵当権の記載はありません。

また、延納による担保提供の可能性もあるため、延納の有無についても確認が必要です。

⑿　相続税申告までの手続

日程	関連事項	備考
相続の開始より ３か月以内	□被相続人の死亡 □葬儀 □四十九日の法要 □遺言書の有無の確認 □遺産・債務・生前贈与の概要と相続税の概算額の把握 □遺産分割協議の準備 □相続の放棄又は限定承認 □相続人の確認	死亡届の提出 葬式費用の領収書の整理・保管 家庭裁判所の検認・開封 未成年者の特別代理人の選定準備 家庭裁判所へ申述
４か月以内	□百か日の法要 □被相続人に係る所得税の申告・納付（準確定申告） □被相続人に係る消費税・地方消費税の申告・納付	被相続人の死亡した日までの所得税を申告 被相続人の死亡した日までの消費税・地方消費税を申告
10か月以内	□根抵当の設定された物件の登記（６か月以内） □遺産の調査、評価・鑑定 □遺産分割協議書の作成 □各相続人が取得する財産の把握 □未分割財産の把握 □特定の公益法人への寄附等 □特例農地等の納税猶予の手続 □相続税の申告書の作成 □納税資金の検討 □相続税の申告・納付 （延納・物納の申請）	農業委員会への証明申請等 被相続人の住所地の税務署に申告
	□遺産の名義変更手続	

⒀　相続税の対象となる財産

被相続人より引き継いだ財産は、原則として金銭に換算でき得るものすべてが相続税の対象となりますが、社会的な配慮等から課税されない財産もあります。

ア．相続または遺贈により取得した財産

被相続人が相続開始時において有していた土地、家屋、事業（農業）用財産、有価証券、預金、現金など経済的価値のあるものは課税対象となります（相続税法２条１項、同法基本通達11の２−１）。

イ．相続または遺贈により取得したものとみなされる財産

被相続人の死亡を原因として取得した財産が、民法上の本来の財産でないものであっても本来の相続財産と同様の経済的効果があると認められる場合には、課税の公平の見地からその財産を相続または遺贈によって取得したものとして、相続税の課税対象とすることとされております（相続税法３条、４条）。

相続財産とみなされる代表的なものとして次のようなものがあります。

- 死亡保険金（生命保険や損害保険）
- 死亡退職金
- 生命保険契約に関する権利
  （被相続人が保険料を負担し、被相続人以外の者が被保険者となっている場合）
- 定期金に関する権利（個人年金など）

ウ．相続税の非課税財産

相続税は、相続または遺贈によって取得した財産について課されますが、その財産の性質、国民感情及び社会政策的見地等により相続税が課税されない財産があります（相続税法12条、同法基本通達12）。

- 墓所、霊廟、祭具など
- 公共事業用財産
- 国などに寄附した財産
- 相続人が取得した死亡保険金、死亡退職金のうち一定額など

エ．相続時精算課税に係る贈与によって取得した財産

相続時精算課税適用者が被相続人から生前に相続時精算課税に係る贈与によって取得した財産の価額は、相続開始時の価額ではなく、贈与時の価額により相続税の課税価格に加算されます（相続税法21条の15）。令和６年１月１日以後の贈与財産については、年間110万円を超えた金額が課税価格に加算されます。なお、相続時精算課税適用者が、相続または遺贈によって財産を取得しなかった場合であっても、被相続人から取得した相続時精算課税適用財産は相続によって取得したものとみなされ相続税が課されます（同法21条の６）。

オ．債務控除

正味財産課税の観点から、財産を取得した一定の者が相続開始時に現存する被相続人の確実な債務を承継するとき、または葬式費用のうち一定の金額については、相続または遺贈によって取得した財産の価額から控除して相続税の課税価格を計算することとされています（相続税法13条）。

カ．相続開始前７年以内に被相続人から贈与を受けた財産

被相続人から相続、遺贈や相続時精算課税に係る贈与によって財産を取得した人が、相続開始前の７年以内（令和８年末までの相続等では相続開始前３年以内。令和９年以後の相続等から令和６年１月１日以後の贈与財産について順次加算期間が延長され、令和13年１月１日以後の相続等から加算期間が７年となります。）にその被相続人から暦年課税による贈与によって取得した財産の価額は、相続開始時の価額ではなく、贈与時の価額により相続税の課税価格に加算されます（相続税法19条１項、同法基本通達19-11）。ただし、その贈与財産のうちに、贈与税の配偶者控除または住宅取得等資金の非課税の特例、教育資金一括贈与の特例を適用した財産、３年超７年以内の贈与財産のうち総額100万円までは相続税の課税価格に加算されません。

⒁　相続税計算のしくみ

相続税の総額及び各人の納付税額は次の手順によって計算します（相続税法 11 条～ 20 条の２、21 条の９～ 21 条の 16、33 条の２、同法基本通達 16-1 ～ 16-３、19-11）。

まず、各人ごとの課税価格を合計し、その合計額から遺産に係る基礎控除額（3,000 万円＋ 600 万円×法定相続人数）を差し引いて課税遺産総額を求めます。

各人の課税価格は次の算式により求められます。

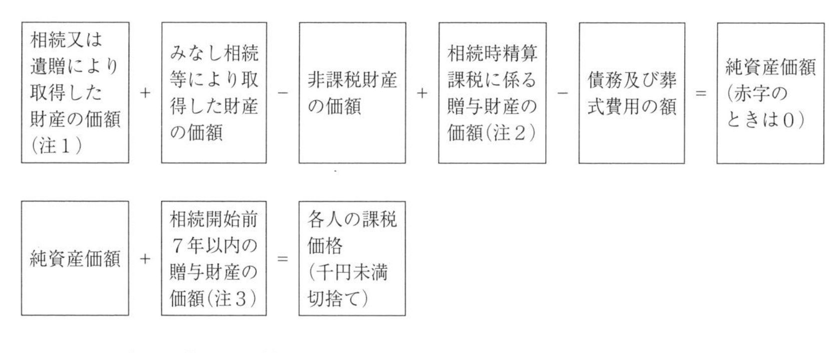

注１　小規模宅地等の特例等を適用した財産については、その特例を適用して減額した後の価額を基に計算します。

注２　相続時精算課税の特定贈与者（相続時精算課税に係る贈与者をいいます。）が死亡した場合には、相続時精算課税の適用者（受贈者）が特定贈与者から相続または遺贈により財産を取得しない場合であっても、相続時精算課税の適用を受けた贈与財産は相続または遺贈により取得したものとみなされ、贈与の時の価額で相続税の課税価格に算入します。

注３　相続または遺贈により財産を取得した相続人等が、その被相続人からの暦年課税に係る贈与によって取得した財産の価額をいいます。相続財産に含める期間について、令和８年末までの相続等では相続開始前３年以内。令和９年１月１日以後の相続等から順次期間が延長され、令和 13 年１月１日以後の相続等から７年となります。相続開始前３年超７年以内の贈与財産のうち延長された４年分からは 100 万円を控除します。

課税遺産総額を算出した後、各法定相続人が民法に定める法定相続分に従って取得したものとして各法定相続人の取得金額を計算し、税率を乗じて相続税の総額を求めます。この相続税の総額を基に財産を取得した人の課税価格に応じて按分し、財産を取得した人ごとの相続税額を計算します。

その後、各人ごとに適用する税額控除額を差引いた金額が各人の相続税額となります。ただし、財産を取得した人が被相続人の配偶者、父母、子供以外の人である場合は税額控除額を差し引く前の相続税額に20%を加算する必要があります。

【相続税計算の流れ】

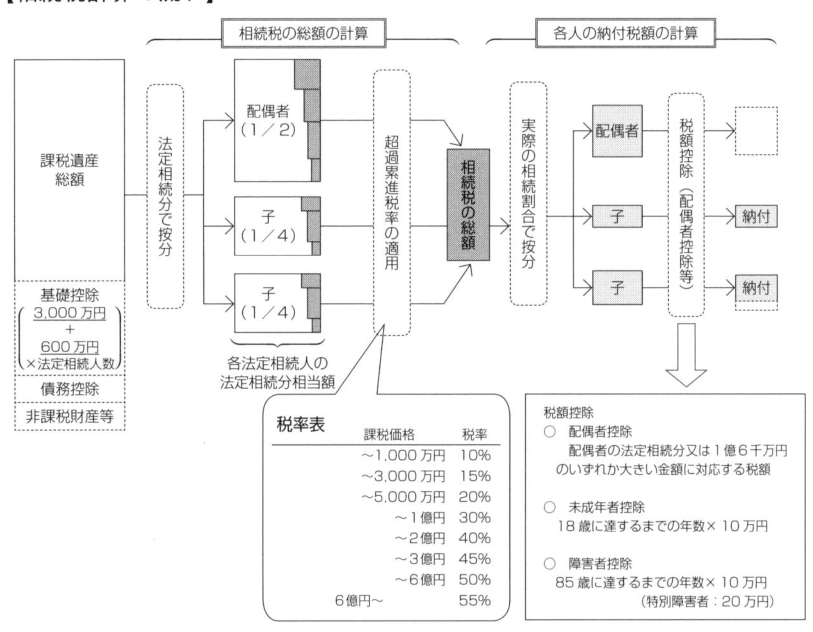

出典：財務省ウェブサイト(https://www.mof.go.jp/tax_policy/summary/property/e01.htm)

4．生前による農業経営承継

農業経営を承継する後継者が決まっている場合で、その後も農業経営を継続できる見込みがあれば、生前贈与による方法も有効です。農業承継者がいる場合は一定要件のもとに農地一括贈与による納税猶予制度や農業用動産の贈与の留保等が適用できる可能性があります。また、事業者本人に相当の農業所得があり、今後も所得の増加が見込まれる場合などは、生前による経営移譲を行うことで所得の帰属者を農業承継者とすることができます。

これにより、本来蓄積される経営移譲者の相続財産の圧縮効果や農業者年金が経営移譲年金として受給できる可能性もあります。注意点としては、前記特例制度は原則として納税を猶予するためのものであり、農業を意図的に辞めた時などは猶予されていた贈与税と利子税の支払リスクが生じます。また、棚卸資産については贈与税を留保する規定はありません。よって、肉用牛経営など棚卸資産が多額にあり納税資金の確保が難しい場合には、相続時精算課税の適用や相続まで経営資産の承継を先延ばしするなどの検討が必要です。

5．贈与税の概要

(1)　贈与税とは

贈与税は、個人から贈与によって財産を取得した個人に課税されます。贈与税は、相続税とともに相続税法で規定されており、贈与財産の価額は贈与を受けた時の時価で評価します（相続税法21条の2）。財産の評価については相続税と同様に財産評価基準書を用いて評価します。

(2)　贈与税の特徴

贈与財産に係る税率は相続税と比較して高く、一括で財産を移転するような場合には、相続時まで待った方が一般的には有利となります。しかしながら、贈与税は暦年課税によるものであれば年間110万円までの基礎控除（相続税法21条の5、租税特別措置法70条の2の3）があり、計画的な資産移転が行えるのが特徴です。仮に法定相続人４人に毎年110万円ずつ10年間に渡り、現金贈与を行った場合は4,400万円の相続財産を圧縮できます。

ただし、贈与と認められるには贈与者と受贈者間での贈与があった事を証明できるものがないと税務調査で否認される可能性があるため、贈与契約書の作成や通帳への振込など証拠を残すことをお勧めします。

なお、相続開始前7年以内（令和8年末までの相続等では相続開始前3年以内。令和9年以後の相続等から令和6年1月1日以後の贈与財産について順次加算期間が延長され、令和13年1月1日以後の相続等から加算期間が7年となります。）の暦年課税による贈与は相続財産に加算する必要があります。相続税対策として生前贈与を行う場合は贈与者の年齢が若いうちから行うことが重要です。

(3) 贈与税（暦年）の計算と税率

贈与税の計算は、まず、その年の1月1日から12月31日までの1年間に贈与を受けた財産の価額から110万円の基礎控除額を差し引きます。その価額に次の表の税率を乗じて計算します（相続税法21条の2、21条の5、21条の7、租税特別措置法70条の2の3）。

基礎控除後の課税価格	一般税率※1		特例税率※2	
	税率	控除額	税率	控除額
200万円以下	10%	—	10%	—
300万円以下	15%	10万円	15%	10万円
400万円以下	20%	25万円		
600万円以下	30%	65万円	20%	30万円
1,000万円以下	40%	125万円	30%	90万円
1,500万円以下	45%	175万円	40%	190万円
3,000万円以下	50%	250万円	45%	265万円
4,500万円以下	55%	400万円	50%	415万円
4,500万円超			55%	640万円

※1　特例税率の適用がない場合は「一般税率」により税額を計算します。

※2　直系尊属（父母や祖父母など）からの贈与により財産を取得した受贈者（財産の贈与を受けた年の1月1日において18歳以上の者に限ります）については、「特例税率」を適用して税額を計算します。

⑷　贈与税（暦年）の申告と納付

贈与税の申告は、受贈者が贈与受けた年の翌年２月１日から３月15日までに受贈者の住所を所轄する税務署に申告書を提出します（相続税法28条）。納税については贈与を受けた翌年の３月15日までに金融機関又は所轄の税務署の納税窓口で納税します（同法33条）。

⑸　相続時精算課税制度の選択

相続時精算課税制度とは贈与時に贈与財産に対する贈与税を納め、その贈与者が亡くなった時にその贈与財産の贈与時の価額と相続財産の価額とを合計した金額を基に計算した相続税額から、既に納めたその贈与税相当額を控除することにより贈与税・相続税を通じた納税を行う制度です（相続税法21条の９～21条の16、同法施行令５条、租税特別措置法70条の２の３）。

適用対象者はその年の１月１日において60歳以上の親や祖父母から財産の贈与を受けた推定相続人である18歳以上の子及び孫となります。

特別控除額は2,500万円となっており、相続時精算課税に係る贈与者からの累計贈与額が2,500万円に達するまでは贈与税がかかりません。2,500万円を超える部分については20％の贈与税が課税されます。令和６年１月１日以後については毎年110万円の基礎控除が設けられており、この控除した額については相続税の課税対象となりません。したがって、毎年の基礎控除を活用した贈与を行うことで相続税の負担を減少させることも可能です。

相続時精算課税を選択しようとする受贈者（子及び孫）は、その選択に係る最初の贈与を受けた年の翌年２月１日から３月15日までの間（贈与税の申告書の提出期間）に納税地の所轄税務署長に対して「相続時精算課税選択届出書」を受贈者の戸籍の謄本などの一定の書類とともに贈与税の申告書に添付して提出します（相続税法28条）。

なお、相続時精算課税を選択した贈与者からの贈与については、贈与者が亡くなる時まで継続して適用され、暦年課税に変更することはできません。

また、小規模宅地等の特例の適用も受けられなくなることから、選択にあたっては慎重に検討する必要があります。

(6) 農業後継者が農地等の贈与を受けた場合の納税猶予の特例

農地等の贈与を受けた場合の納税猶予の特例は農業を営んでいる人が、農地の全部及び準農地の３分の２以上の面積をその農業を承継する推定相続人の１人に贈与した場合で、その農地について受贈者が農業経営を継続する限り、その受贈者に課税される贈与税が猶予される特例です（租税特別措置法70条の４第１項、同法施行令40条の６第１項～第５項）。

この猶予を受けた贈与税額は、受贈者又は贈与者のいずれかが死亡した場合には、その納税が免除されます。ただし、贈与者の死亡により農地等納税猶予税額の納税が免除された場合には、特例の適用を受けて納税猶予の対象になっていた農地等（特例農地等といいます）は、贈与者から相続したものとみなされて相続税の課税対象となります。

贈与者要件としては、原則として贈与の日まで３年以上継続して農業を営んでいた個人となります。ただし、過去の年分において農地を贈与し、推定相続人となる受贈者が相続時精算課税制度の適用を受けた場合等、一定の要件に該当する場合は特例の適用が受けられません。受贈者についても、贈与者の推定相続人で贈与を受けた日において、農業従事期間３年以上ある18歳以上などの要件が必要となるため、適用関係を確認した上で、贈与手続を進めることが重要です。

なお、農業相続人が農地等を相続した場合の納税猶予の特例と同様に免除要件に該当する前にその農業承継者が農業経営を廃止した場合、または特例農地等につき譲渡や贈与、転用や賃貸などを行った場合は、その時点で納税猶予が打ち切られ、納税の猶予を受けている相続税額の全部または一部を利子税と併せて納付しなければなりません（租税特別措置法70条の４第１項ただし書）。

したがって、本特例適用後は、思いもよらない税負担が生じないよう、特例農地等における贈与税の納税猶予打切り条件を受贈者本人が熟知しておく必要があります。

また、農業承継者が離農する可能性が考えられる場合には、農地の利用に制約を受ける本特例ではなく、相続時精算課税制度の適用を検討した方が良いでしょう。

(7) 農地等の相続税・贈与税納税猶予特例の関係性

農地等の贈与を受けた場合の納税猶予特例は、その農地等を贈与した贈与者が死亡した時にその農地等を相続したものとみなされて相続税の対象となります。

この場合、贈与税の納税猶予を受けていた農業相続人が新たに相続税の納税猶予特例を選択することでその農地に係る相続税を猶予することができます。このように、親から子へ２つの制度を連結させることで、その農地で農業を継続する限り、特例農地等にかかる贈与税と相続税が免除されます。なお、贈与者の死亡により相続税の対象となった特例農地等について、相続税の納税猶予特例を適用しない場合は相続財産の価格に応じた相続税を納付することになります。

第８章　これからの農業の展開　１
―６次産業化―

１．国の政策から見た今後の農業

農業の現状は、栽培作物によって大きく違いはありますが、全般的には、大部分が高い関税と補助金に守られて成り立っていると言えます。言い換えれば現在の農業はあまり利益の上がらない産業となっているというのが実情です。

例えば稲作を例に上げますと、１反（300坪≒10a＝1,000㎡）の年間の収穫量は近年では９俵弱（535kg　１俵＝60kg）ぐらいです。１俵は、近年の高いときであっても15,000円ぐらいなので１反の田から収穫できる米の値段は、135,000円ぐらいです。米だけで４人ぐらいの家族が生活するとすれば、10町程度（100反＝30,000坪）の田が必要になります。それでも年間の収入は、13,500,000円、米からの所得は３分の１の450万円ぐらいです。この収入に加え現状では、農家に対して比較的手厚い補助金と補償が出ているので、10町の稲作農家であれば４人ぐらいの家族の安定した生活が成り立ちます。

現状では、10町もの稲作を行う農家は少なく、多くは３～５町程度です。稲作は田植え時期と収穫時期を除けばそれほど多くの労力を必要としないため、中規模の稲作農家は畑を兼業し年間の労働量を調整し、また収入を得ています。

日本の農林水産業生産額は、およそ5.7兆円（令和４年度）です。国内総生産（GDP）が560兆円程度なので、その割合は、僅か１％です。しかし第２次産業（関連製造業）、第３次産業（流通・飲食業）などを加えた農業・食料関連産業の国内総生産は、48兆円ほどの規模があり全産業に対して8.6%を占めることとなり、この数字から見れば主要産業であると言えます。国は、平成25年に10年後を目安に農業全体の所得を倍増させるという目標を掲げていました。(「農林水産業・地域活性創造プラン」農林水産業・地域の活性力創造本部 平成25年12月10日決定)そのための一つの方策として、1次産業と2次、3次産業のバリューチェーンの結合を強くするいわゆる6次産業化を強く推進しており、そしてもう一つの所得アップの方策として輸出の増加を掲げています。

つまり、農家が農作物を使った加工品を手掛けたり(2次産業化)、直売所を設置して直接農作物を売ったり(3次産業化)して、国内の他産業の需要を取り込むことで所得を上げるという方策と、海外に農作物を売って所得を上げるという国内外の二方面の方策で農家の所得を上げることを考えているのです。

また、国としては単純に売り上げを上げるということだけではなく、高い付加価値を付けることによって利益率を上げ、売り上げがそれほど伸びなくとも所得が伸びるような産業構造への変革を意図しています。

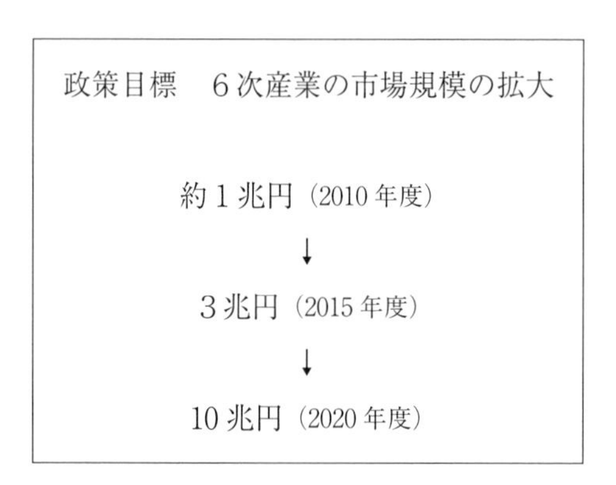

本書ではこの後、国が二本柱として強く推進をしている「6次産業化」、「輸出の促進」に関連して、6次産業化そのものについての解説と、それに

伴う付加価値の増加策としてブランド化について解説をしていきたいと思います。

２．６次産業化の概要と６次産業総合化事業計画の認定

６次産業化とは、農業経済学者の今村奈良臣氏が発案した造語で１次産業者（農林漁業者）が２次産業、３次産業に進出することを意味しています。もともとは１＋２＋３＝６ということで６次産業だったのですが、今は、１が０になると全てが０になってしまう、農業が入っていないと何も始まらないという意味を込めて、１×２×３＝６ということで６次産業化という説明がなされています。

具体的には、いちご農家が加工所を設置してジャムやケーキを作る、野菜農家が直売所を作って自作した農作物を直接客に販売するなどの事業が６次産業化に当たります。その他にも農家レストランや、観光農園なども６次産業化事業です。

６次産業化を推進する基本法として「地域資源を活用した農林漁業者等による新事業の創出等及び地域の農林水産物の利用促進に関する法律（６次産業化法）」が制定（平成22年12月３日施行）されており、その目的は、第１条で「この法律は、農林漁業の振興を図る上で農林漁業経営の改善及び国産の農林水産物の消費の拡大が重要であることにかんがみ、農林水産物等及び農山漁村に存在する土地、水その他の資源を有効に活用した農林漁業者等による事業の多角化及び高度化、新たな事業の創出等に関する施策並びに地域の農林水産物の利用の促進に関する施策を総合的に推進することにより、農林漁業等の振興、農山漁村その他の地域の活性化及び消費者の利益の増進を図るとともに、食料自給率の向上及び環境への負荷の少ない社会の構築に寄与することを目的とする。」とされています。

ここで、もう一つ「農商工連携」というキーワードの解説もしたいと思います。突然出てきた言葉なので、戸惑われるかも知れませんが、農業者の他

産業への進出や連携を語るときには、「6次産業化」「農商工連携」とも同じような意味で使われています。実際6次産業化も農商工連携もその内容は大部分似ています。1次産業者である農業者が、2次産業、3次産業との強いバリューチェーンを構築することを意味します。ただ、6次産業化は農業者が主体となるのですが、農商工連携は農業者と商工業者が対等の立場で連携するというイメージなのです。農商工連携は、6次産業化よりも前に取り組まれており、「中小企業者と農林漁業者との連携による事業活動の促進に関する法律（農商工等連携促進法）」（平成20年7月21日施行）により規定されています。その目的は、第1条で「この法律は、中小企業者と農林漁業者とが有機的に連携し、それぞれの経営資源を有効に活用して行う事業活動を促進することにより、中小企業の経営の向上及び農林漁業経営の改善を図り、もって国民経済の健全な発展に寄与することを目的とする。」となっています。

先ほどの6次産業化法の目的と比べれば一目瞭然ですが、6次産業化法では、「農林漁業の振興」を図ることが第一に掲げられていましたが、農商工連携促進法では、「中小企業の経営の向上及び農林漁業経営の改善」というように2次、3次産業者の経営の向上も目的として強く打ち出されています。

実は、農商工連携の管轄省庁は、経済産業省と農林水産省の2つの省で、6次産業化法の方は農林水産省単独の管轄となっているのです。もともと農林水産省も農商工連携に強く力を入れていました。しかし、制度的に商工業者と農業者が対等であると、実際のプロジェクトでは商工業者の方の力が強く、農業者が単なる原料供給業者になるケースが散見されるようになり、農林水産省が、農業者主体の制度が必要と考えるようになったと言われています。現在では、農商工連携の方は経済産業省が主導し、農林水産省は6次産業化の方に強く力を入れています。当初、6次産業化では農業者が2次、3次産業に進出するというシナリオが原則とされていました。しかし、今では、やはり餅は餅屋、農業者は農作物の栽培に力を入れ、加工は加工業者と連携したり、販売については、例えば、商社と連携をしたりするという方法も有効であると考えられています。もちろん、１次産業者が２次、３次産業に進出をして成功した例（千葉県の和郷園、伊賀の里モクモク手作りファーム、香川県小豆島の井上誠耕園など）も多くあるので、原則としては農業者が２次、３次産業に進出するための支援をするということになっています。

６次産業化と農商工連携の比較

基本法	管轄省	申請受付期間	主体	支援機関
６次産業化法	農林水産省	各地区の農政局	農林水産業者（商工業者は促進事業者という立場で参加します）	各県の６次産業化サポートセンター
農商工連携促進法	経済産業省 農林水産省	各地区の経済産業局	中小企業者と農林水産業者（単なる取引ではなく有機的な連携が求められます）	中小企業基盤整備機構

６次産業化･地産地消法に基づく事業計画の認定の概要

（累計：令和６年３月末日時点）

１．地域別の認定件数

地域	総合化事業計画の認定件数				研究開発・成果利用事業計画の認定件数
		うち農畜産物関係	うち林産物関係	うち水産物関係	
北海道	163	154	3	6	1
東北	381	345	12	24	4
関東	462	422	18	22	12
北陸	127	121	2	4	1
東海	256	219	15	22	0
近畿	389	353	13	23	3
中国四国	333	275	13	45	2
九州	470	396	28	46	6
沖縄	61	55	1	5	0
合計	2,642	2,340	105	197	29

2．総合化事業計画の認定件数の多い都道府県

（件数）

第１位	北海道	163
第２位	兵庫県	117
第３位	宮崎県	113
第４位	岡山県	101
第５位	長野県	100

3．総合化事業計画の事業内容の割合

（％）

加工	18.1
直売	2.9
輸出	0.4
レストラン	0.4
加工・直売	69.0
加工・直売・レストラン	7.0
加工・直売・輸出	2.2

4．総合化事業計画の対象農林水産物の割合

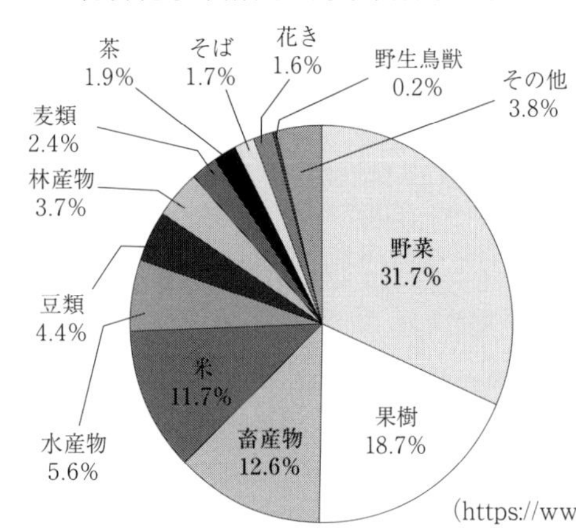

※複数の農林水産物を対象としている総合化事業計画については全てをカウントした。

農林水産省ホームページより
（https://www.maff.go.jp/j/pr/aff/1108/spe1_02.html）

3．具体的な6次産業化の支援内容

では、具体的にどのような支援がなされているか、6次産業化を中心に解説いたします。管轄省庁は違いますが、具体的な枠組みは6次産業化も農商工連携も同じような仕組みを取っています。

まず、6次産業化については、「6次産業総合化事業計画の認定」の申請をし、農商工連携については、「農商工等連携事業計画の認定」の申請をします。つまり、申請者が事業計画を策定しそれを6次産業化であれば各地域の農政局に、農商工連携であれば経済産業局に提出し事業計画に認定を得ます。認定農業者制度と同じように認定をした事業及び者に対して集中的に支

援をするという枠組みです。審査、認定は６次産業化についてはおおむね年３回行われています。

認定された者への具体的な支援内容としては、まず、支援専門家の派遣（６次産業化ではサポートセンター登録のいわゆるアドバイザー派遣などです）があり、広報活動の支援をはじめとする販売促進支援などがあります。また、副次的には、申請者の知名度が上がるという効果もあります。更に豊富な情報提供も受けるというメリットも期待できます。

融資に関して言えば、６次産業化の総合化認定を受けると日本政策金融公庫より国の利子補給のある融資を受けることができます。農業改良資金という最長12年間（うち据置期間５年以内）無利子の融資という通常では考えられない融資内容です（平成26年11月１日現在）。農商工連携にも同様の融資が用意されています。

ここで農政の方向性について注目をしたいと思います。

国では農業の方向性として、農業者の所得を上げるという目標を達成する手段として、経営の高度化と、法人化ということを強く推進しています。農商工連携のあまりうまくいかなかった例もあったように農業者の経営力が向上しない限り、他産業並みの競争力は望めません。農地法の改正もあり農業自体にも他産業の大手資本が参入しています（イオン農場、居酒屋和民の農業進出など）。農業者も経営者の目をもって、５年後、10年後の経営計画を立て経営する必要が出てきています。

そして、国では経営の高度化と法人化を推進する手段として、補助金の目的を経営高度化に関するものに重点を置く、補助金の受け皿を法人にする、などの方法をとっています。

各士業専門家としては、今後農業の分野においてより高度な経営手法がとられてくることを予想し、農業固有の条件を踏まえた上での対応ができるような準備をする必要があるかと思われます。農業ではこれまで、収入が上がってきたから法人化をするという法人化が主でしたが、今後は、戦略的な見地から法人化を志向する農家もしくは農業団体が増えてくると思われます。

〔参考〕都道府県別の総合化事業計画の認定件数（令和６年３月末日現在）

都道府県	認定件数	都道府県	認定件数
北海道	163	滋賀県	69
青森県	73	京都府	49
岩手県	53	大阪府	41
宮城県	82	兵庫県	117
秋田県	63	奈良県	43
山形県	68	和歌山県	70
福島県	42	鳥取県	23
茨城県	58	島根県	16
栃木県	61	岡山県	101
群馬県	45	広島県	40
埼玉県	22	山口県	28
千葉県	59	徳島県	35
東京都	20	香川県	24
神奈川県	35	愛媛県	37
山梨県	27	高知県	29
長野県	100	福岡県	82
静岡県	35	佐賀県	25
新潟県	40	長崎県	38
富山県	36	熊本県	93
石川県	28	大分県	54
福井県	23	宮崎県	113
岐阜県	87	鹿児島県	65
愛知県	87	沖縄県	61
三重県	82	計	2,642

第９章　これからの農業の展開 ２
―ブランド化・輸出―

１．ブランド化とは

⑴　ブランドの意味

近時、農林水産品のブランド化は、商品差別化を図る生産者にとって大変関心が高くなっています。農林水産分野におけるブランド化の目的は、高付加価値化された商品の提供を通じて生産者のブランド価値を向上させることにあります。農林水産品等のブランド化を進める上では、ブランドとブランドネームの違い、ブランドという知的財産のマネジメント、ブランドを保護する商標権の内容の理解が必要です。

ブランドとは、生産者の商品に対する消費者の評価といえるものです。例えば、生産者が提供する商品について、生産者が「高品質」であることを謳っている場合、その品質に満足する消費者にとっては、生産者の高品質商品は生産者を示すブランドとなります。これは、生産者が消費者に対して「高品質」という約束を行うものであり、その約束を守り続けている限り、消費者はその商品に特別な価値を見出し、生産者の商品をブランドとして認知していることになります。つまり、ブランドは消費者の心の中で創られるものなのです。

ブランド化は単に商品等の斬新なブランドネームをつけることではなく、生産者が提供する商品の価値づくりを意味します。ブランドネームは、ブランド価値を消費者へ伝える手段として利用するものであり、消費者が所望するブランドを探すための目印となります。

(2) ブランドの機能

ブランド（brand）という言葉は、もともと「焼印を押す」という意味の「burned」から派生した語です。その昔、自分が所有する牛や豚等の家畜を他人の家畜から区別するために、家畜に自己の所有権を表す名称やマーク等の焼印を押して取引していた、というのがブランドの始まりと言われています。そもそも自己の物と他人の物を区別する目印だったものが、時代の流れとともに財産的価値が認められ、ブランドという概念に発展してきました。ブランドには、次の３つの重要な機能があります。

①出所表示機能
②品質保証機能
③広告宣伝機能

①「出所表示機能」とは、自己の商品やサービスと他人の商品やサービスを識別することで商品やサービスの出所を表示するものであり、売り手の目印となる機能です。②「品質保証機能」とは、同じブランドの商品は同じ品質であることを保証するものであり、買い手に安心感を与える機能です。③「広告宣伝機能」とは、買い手にブランドを認知させることにより、買い手にまた欲しい、買いたいと思わせる機能です。

これらブランドの機能のうち、①「出所表示機能」はブランドが有する本質的機能ですが、②「品質保証機能」と③「広告宣伝機能」は、ブランドによって売り手と買い手の信頼関係が構築された結果として備わるものです。ブランドは、生産者が消費者に対して、生産者のあるべき姿を約束し、その約束を長期間守り続けることにより、生産者と消費者の信頼関係の上に成り立つものであることに留意しなくてはなりません。

⑶　ブランドの類型

ブランドは、ブランド価値の源泉の違いによって分類されます。最近では、商品の生産技術やデザインをブランド価値の源泉とする新しいブランドも見られるようになっています。

①「商品ブランド」
②「生産者ブランド」
③「地域ブランド」
④「技術ブランド」
⑤「デザインブランド」

①「商品ブランド」は、例えば、野菜や果物等の生鮮品、野菜ジュースや果物ジュース等の加工品の品質の良さ等がブランド価値の源泉であり、②「生産者ブランド」は、個別の生鮮品や加工品を生産している個人や企業イメージの良さをブランド価値の源泉とします。③「地域ブランド」は、地域資源の活用等をブランド価値の源泉とするものです。例えば、「栃木いちご」のように産地名と商品名を組み合わせたブランドとして表されるのが特徴です。

④「技術ブランド」や⑤「デザインブランド」とは、生鮮品、加工品、地域特産品に用いられる生産技術や商品やパッケージのデザインがブランド価値の源泉です。例えば、商品を生産する独自技術やオリジナルデザインを表象するようなブランドとして展開していきます。

⑷　ブランドによる差別化、高付加価値化

ブランド化は、他の生産者の商品から自己の商品を差別化することです。そのためには、他人の生鮮品や加工品と比較して、自己の商品のこだわりを

全面に押し出すことが重要です。具体的には、自分が生産する商品は高品質である、特別な生産技術を使っている、特徴的なパッケージデザインである等、自分の優れているポイントを全面的に訴求していきます。その上で、自己のブランド価値を顧客に伝えるためのブランドネームを採用し、売り手の想いを買い手に伝えることが必要です。これがブランド化による差別化の第一歩となります。

ある生産者の商品が他の生産者の商品と差別化を図り、売り手のブランドが買い手により認知されている場合、買い手がそのブランドに満足するようになると、その買い手はリピーターとなって繰り返し購入するようになります（顧客ロイヤリティの獲得）。また、多くのリピーターを獲得したブランドの場合、市場で他の生産者のブランドより高価格であったとしても、リピーターはそのブランドに満足しているため、繰り返し購入するようになります（価格プレミアムの獲得）。

顧客ロイヤリティや価格プレミアムを獲得したブランドは、市場で他の生産者と比較して相対的に優位な立場となり、ブランド化による差別化、高付加価値化を実現します。

ブランドは、生産者が消費者に対する約束を長期間に亘り継続して守り続けることにより、買い手の信頼を獲得できるものであるため、差別化は一時的なものであってはならず、ブランドのメリットを得るためには、独自性に加えて、一貫性と継続性が必要です。

ブランドとして消費者へ認知してもらうのは長い年月を要しますが、買い手の期待や信頼を裏切るとそのブランドは一瞬で失墜してしまいます。昨今の産地偽装等の事件で示されるように、ブランドを創ることは難しく、壊すのは簡単といえます。ブランド化は、自己の知的財産の特定、保護、活用という知的財産マネジメントを適切に行いながら進めていくことが肝要です。

２．農林水産分野におけるブランド化と知的財産マネジメント

⑴　事業起点型の知的財産マネジメント

ブランドは知的財産です。工業製品分野では従来から知的財産の必要性や重要性が指摘されていましたが、今や農林水産分野においても、知的財産の重要性や必要性が問われる時代となっています。

農林水産品のブランド化や高付加価値化の実現には知的財産の活用が重要です。知的財産は農商工連携や農業６次産業化等の日本の国内ビジネスはもとより輸出等の海外ビジネスに影響を与えます。

事業起点型の知的財産マネジメントとは、最初に事業を構想し、そのビジネスを遂行するに際して競争力を確保できる知的財産を特定し、保護、活用していくという考え方です。

例えば、栃木県では、「スカイベリー」という名称の「いちご」が販売されております。そもそも栃木県の「いちご」といえば、「とちおとめ」が主流でありますが、「とちおとめ」はブランドネーム（商標）ではなく、品種名として種苗法による品種登録がなされていました。しかし、品種名は、育成者権の存続期間満了後は、独占することができず、知的財産戦略上、問題もありました。そのため、「とちおとめ」の後継と位置づけられる「スカイベリー」は、「栃木ｉ27号」という品種名で品種登録を行い、別途「スカイベリー」というブランドネームで商標登録を行い、種苗法と商標法で重畳的に保護されています。これにより、品種名の保護期間が満了したとしても、「スカイベリー」という商標権は、更新申請をする限り、半永久的に権利をコントロールすることができます。また、「スカイベリー」の商標権は、「いちご」の名称のみならず、「加工果実、菓子及びパン、飲料、酒類」の名称としても商標登録されています。これにより、「スカイベリー」を加工した加工品まで権利が及ぶようなっており、事業を構想した上で知的財産による

競争力が設計されています。

農林水産品のブランド化による差別化、高付加価値化を目指すには、事業起点型の知的財産マネジメントが求められています。やみくもに新製品を開発し、知的財産権を取得するだけではブランド化は実現しないことに留意が必要です。

(2) 知的財産の特定

品種改良により新品種を開発、産品を生産し、その産品を加工した商品をインターネットで販売する場合を考えてみましょう。

新品種は、生産者の努力によって開発された知的財産です。新品種の開発、生産、加工等に用いられる技術やノウハウ、販売時のパッケージデザイン、商品のネーミングも知的財産です。また、インターネット通販のために作成するウェブサイトも知的財産となります。

生産者が新品種を開発せず、通常の品種から産品を生産する場合でも、生産効率や品質安定のための技術やノウハウは存在しており、これらも知的財産といえます。

知的財産等の無形財産は、目に見えないため、見えざる経営資産といいます。見えざる経営資産のうち、主にブランド、技術、ノウハウ、デザイン、営業秘密等を「知的財産」と呼び、この「知的財産」を保護するため、法的に独占排他権を付与したものが「知的財産権」と呼ばれます。ブランド化を進めていくためには、「知的財産」と「知的財産権」を明確に区別する必要があります。

図１　無形資産の分類体系

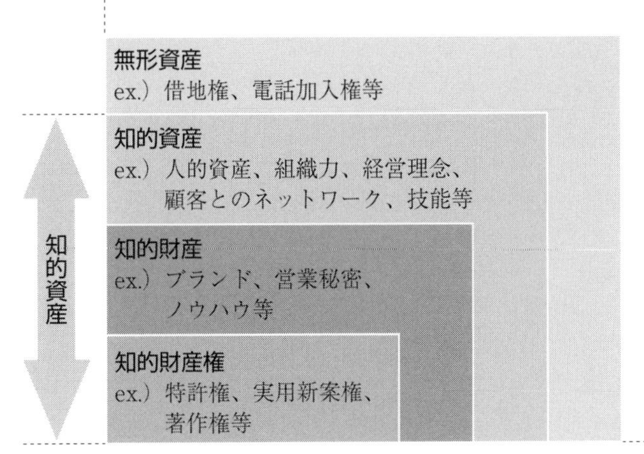

出典：経済産業省「知的資産経営ポータル」「知的資産・知的資産経営とは」
（https://www.meti.go.jp/policy/intellectual_assets/teigi.html）

「知的財産」及び「知的財産権」については、知的財産基本法に定義されています（同法２条）。

「知的財産」とは、「発明、考案、植物の新品種、意匠、著作物その他の人間の創造的活動により生み出されるもの、商標、商号その他事業活動に用いられる商品又は役務を表示するもの及び営業秘密その他の事業活動に有用な技術上又は営業上の情報」であり（同法２条１項）、「知的財産権」とは、「特許権、実用新案権、育成者権、意匠権、著作権、商標権その他の知的財産に関して法令により定められた権利又は法律上保護される利益に係る権利」です（同２条２項）。

人間の創造的活動により生み出されたものが「知的財産」であり、そのうち、法律上、所定の要件を具備したものが特許権、実用新案権、意匠権、商標権という「知的財産権」となり、「知的財産」と「知的財産権」は明確に区別されます。

農林水産分野では多くの知的財産が生み出されているにもかかわらず、生産者が自身の知的財産を意識していることは多くありません。これは、生産者にとって日頃から慣れ親しんでいる技術やノウハウは、産品の生産に必要なものであり、何ら新しいものではないという意識が大半を占めてしまい、知的財産の可能性に気がついていない場合が多いからです。生産者にとってはごく普通や当たり前の技術、デザイン、ネーミングであっても、ブランド化に活用し得る知的財産は数多く存在します。

ブランド化を進めるためには、生産者が所有する知的財産の特定が重要となります。

(3) 知的財産の保護

知的財産の保護は、生産者のビジネスの競争力を高めます。特定した生産者の知的財産のうち、知的財産権として保護できるものがあります。例えば、生産技術や加工技術は特許権で保護でき、パッケージデザインやネーミングは意匠権、商標権で保護できます。また、新品種は育成者権、ウェブサイトは著作権、ノウハウは営業秘密の対象となり得るものです。

知的財産権の中心は、特許権、実用新案権、意匠権、商標権であり、詳細な規定が設けられています。特許庁へ出願し、所定の要件を具備することにより、独占排他的な権利である知的財産権が取得できます。

知的財産権は、創作意欲の促進を目的とした「知的創造物についての権利」と使用者の信用維持を目的とした「営業標識についての権利」に大別されます。知的創造物についての権利は、特許権、実用新案権、意匠権、著作権、回路配置利用権、育成者権、営業秘密があり、営業標識についての権利は、商標権、商号、商品等表示、商品形態等があります。このうち、特許権、実用新案権、意匠権、商標権については、産業上利用され、産業の発展に寄与することを目的とすることの位置づけから、特に産業財産権とも呼ばれます。

知的財産権の保護対象や権利の発生・変更・消滅は、各権利によって異なります。例えば、技術を保護する特許権の保護対象は、「発明」です。「発明」とは、「自然法則を利用した技術的思想の創作のうち高度なもの」と定義されています（特許法２条１項）。また実用新案権の保護対象は「考案」と呼ばれます。「考案」とは、「自然法則を利用した技術的思想の創作」です（実用新案法２条１項）。特許権と実用新案権は共に技術を保護するものとしては同じですが、特許権は技術的思想の創作の高度性の要件が求められ、実用新案権は、物品の形状、構造、組合せに係る技術的思想の創作である点が異なります。

一方、ネーミング等の表示を保護する商標権は、「文字、図形、記号若しくは立体的形状若しくはこれらの結合又はこれらと色彩との結合」である「標章」を業として商品又は役務について使用する「商標」を保護対象としています（商標法２条１項）。なお、平成26年改正により、音や色、動きや位置関係を表す商標が保護対象に加えられています。物品のデザインを保護する意匠権は、「物品又は物品の部分の形状、模様、若しくは色彩又はこれらの結合であって、視覚を通じて美感を起こさせるもの」である「意匠」を保護対象とします（意匠法２条１項）。令和２年より「意匠」の保護対象が拡大し、画像、建築物、内装等の保護が可能になりました。

図２　知的財産の種類

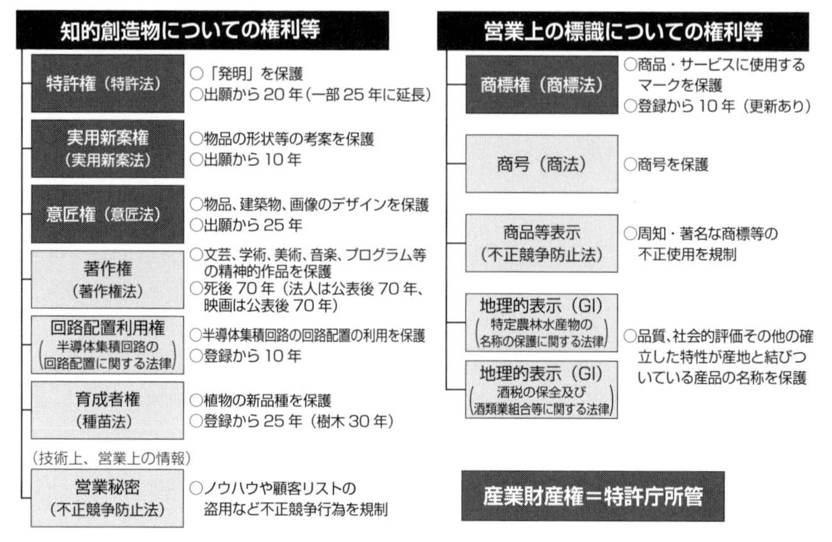

出典：特許庁ウェブサイト（https://www.jpo.go.jp/system/patent/gaiyo/seidogaiyo/chizai02.html）

知的財産権として保護されるためには、知的財産関連法の所定の要件を具備する必要があります。特許権、実用新案権、意匠権、商標権の産業財産権は、特許庁に対し所定の様式で権利取得の申請を行い、審査官による審査を受け、登録要件が具備することにより、登録されます。特許庁審査官による審査期間は、特許の場合は、出願審査請求後１年程度、意匠は出願後８か月程度、商標は出願後６か月程度で審査結果が通知される運用です。

特許権、実用新案権、意匠権、商標権として登録されると、独占排他権が発生します（特許法68条、実用新案法16条、意匠法23条、商標法25条）。特許権、実用新案権の権利範囲は、特許請求の範囲、実用新案請求の範囲の記載に基づいて定められます（特許法70条、実用新案法26条）。意匠権、商標権の場合は、登録意匠、登録商標の同一又は類似の範囲が権利範囲となります（意匠法24条、商標法27条）。

独占排他権は、権利者のみがその権利内容を実施や使用することができ、他人の無断実施や無断使用を権利侵害として排除することが可能です。権利侵害の場合、権利者は侵害者に対して、差止請求（特許法100条、実用新案法27条、意匠法37条、商標法36条）、損害賠償請求（民法709条）、不当利得返還請求（民法703条、704条）、信用回復措置請求（特許法106条、実用新案法30条、意匠法41条、商標法39条）がとり得ます。

特許権、実用新案権、意匠権、商標権は、独占排他権として強力な権利ですが、存続期間が定められており、存続期間が満了すれば、もはや独占することはできなくなります。各権利の存続期間は、特許権が出願日から20年（特許法67条）、実用新案権が出願日から10年（実用新案法15条）、意匠権が出願日から25年（意匠法21条）、商標権は登録日から10年（商標法19条）で存続期間が満了します。ただし、商標権については、更新申請により存続期間を更に10年間延ばすことができます（同法20条）。

特許権、実用新案権、意匠権は、創作物を保護するため、一定期間独占させた後、存続期間満了後は、一般公衆に自由に使ってもらうことが産業の発達に資するという考え方から更新申請の制度は設けていません。一方、商標権は、産業の発達という目的は同じですが、商標はネーミング等の表示であり、使用すれば使用する程、商標所有者の信用が商標に蓄積されていくという特徴があるため、存続期間の更新が認められています。更新申請を続けていく限り、半永久的に権利を所有することが可能です。

新品種や種苗を保護する育成者権は、種苗法により保護されます。育成者権の取得を要求する場合は、所定の様式で農林水産省へ申請し、所定の審査を受け、登録要件を具備する限り、登録され、独占排他権としての育成者権が発生します。

これに対し、著作権は登録なくして権利が発生する方式を採用しています（著作権法17条２項）。著作権の保護対象は、「著作物」です。「著作物」とは、「思想又は感情を創作的に表現したものであって、文芸、学術、美術又は音楽の範囲に属するもの」と定義されます（同法２条１項１号）。人の思想又は感情を創作的に表現したものは著作物であり、著作物を創作した時点で自動的に権利が発生し、特定官庁への申請は必要ありません。例えば、幼児が描いた絵なども著作物として保護されるのです。そのため、生産者がインターネット販売に利用するウェブサイトについても、生産者の思想又は感情を創作的に表現する限り、著作物として著作権の対象となります。

このように知的財産を法的に保護する手段は多様であるため、生産者の知的財産をどのように保護するかについては、知的財産の活用を見据えて行うことが重要です。

(4) 知的財産の活用

知的財産の活用の形態は、大別すると、自分自身で事業を行う「自社実施」と他人に事業の一部を実施してもらう場合「他社実施」の二通りの方法があります。

他社実施の場合には、知的財産の種類、範囲、時期等を明確にしてライセンス契約を締結する必要があります。ライセンス契約により、他社にブランドを使用させるとともにライセンス使用料を取得することができます。

「他社実施」に関する法的な権利としては、「専用実施権（使用権）」（特許法77条、実用新案法18条、意匠法27条、商標法30条）と「通常実施権（使用権）」（特許法78条、実用新案法19条、意匠法28条、商標法31条）があります。「専用実施権（使用権）」と「通常実施権（使用権）」は、他人へ知的財産権の権利内容を使わせるという意味では同じですが、それぞれの権利は内容が異なります。

「専用実施権（使用権）」は、他人へ独占排他的に権利を設定するものであり、一度設定すると、もはや権利者でも設定した範囲では発明や商標を実施または使用することはできなくなります。これは、あたかも権利者の地位が移転したかのような取扱いとなります。専用実施権（使用権）の侵害については、特許権者同様、専用使用権者は侵害者に対し、差止請求、損害賠償請求等ができます。

一方、「通常実施権（使用権）」は、他人へ許諾しても、同一の範囲について権利者が実施または使用することは可能であり、更に重複して第三者へ再度権利を許諾することも可能です。通常実施権者（使用権者）は、第三者から権利行使を受けないという立場であり、通常使用権の侵害に対しては、差止請求や損害賠償請求はできません。

「専用実施権（使用権）」か「通常実施権（使用権）」のどちらを選択するかは、ビジネスの進め方によります。なお、「通常実施権（使用権）」のうち、独占的に許諾するという「独占的通常実施権（使用権）」も認められています。独占的通常実施権（使用権）の裁判例では、独占的通常実施権（使用権）の侵害者に対して差止請求は認められず、損害賠償請求は認められているケースがあります。

特許権は独占排他権を付与する前提として、自己の技術を一般公衆に開示しなくてならないため（特許法64条）、どの技術を公開してどの技術をノウハウとして秘匿するのか、については事前に検討すべき事項です。特許権を取得して高付加価値化を実現する場合は、生産者の生産技術や加工技術等について特許権を取得することを検討します。これに対し、生産技術や加工技術を秘匿した方が高付加価値化につながる場合は、敢えて特許を取得せずノウハウとして公開しないのが得策です。独自技術をノウハウで秘匿した場合は、パッケージデザインやネーミングで他人と差別化していきます。

このように知的財産の活用は、単一の権利にとらわれることなく、様々な知的財産をミックスする手法が差別化、高付加価値化には有用です。

３．ブランド保護に必要な商標権

⑴　商標と商号

ブランドネームとして、企業名や団体名を使用することがあります。この企業名や団体名については、商標と商号の２つの法律により保護される場合があります。

法人格ある企業名や団体名は、登記することにより商号として保護されるものです。企業名等の正式名称を使用する限りは、商号として保護されます。

例えば、「○○株式会社」等の表示です。

企業活動において常に「○○株式会社」という商号を使用する場合は、商標は必要ないと感じるかもしれません。しかし、「○○株式会社」という商号のうち「○○」という略称を使用する場合は、その「○○」の部分は、商標として認識されることになります。このような場合は、「○○」という略称は商号としては保護されず、商標で保護しなければ、安心して使用することはできなくなってしまうという事態に陥ります。

新会社法の施行前、商号は本店所在地が存在する同一市町村に類似商号がない限り、登記することができたため、同じ商号が複数存在する場合もあります。これに対して商標は、独占排他権であるため、日本国内で商標所有者は、権利共有の場合を除き、常に単一ということになります。

仮に自社の商号の略称について他人が商標権を所有していた場合は、自社の商号の略称といえども使用すれば、商標権侵害になる可能性があります。商標権侵害を構成する場合は、権利者は侵害者に対し、差止請求や損害賠償請求が可能になり、差止請求をされると事業がストップしてしまい、最悪、社名変更というリスクを抱えることになります。

このように、企業名や団体名は、商号として保護される場合もあれば、商標として保護しなくてはならない場合もあることに留意しなくてはなりません。自己の事業を安心して遂行するためには、商号と商標の違いを把握した上で、商号と商標の重複保護が重要です。

⑵ 商標権の取得までの流れ

農林水産品のブランド化を進める場合、商標権の取得は必須となります。ブランドネームを適切に保護していない場合は、第三者からの権利行使のリスクを常に抱えながらビジネスを行うことになり、安心して事業を遂行することができないからです。

商標権を取得するためには、行政機関に権利取得の要求をしなくてはなりません。産業財産権の所掌官庁は特許庁です。日本で唯一の機関であり、地域ごとに支部や支所はありません。

商標登録出願は、先願主義の下、最先の出願人が商標登録を受けることができるため（商標法８条）、使用する商標についてはいち早く出願することが重要です。商標は創作物ではなく選択物と言われており、誰でも自由に出願できることから、自己が考えた商標を他人が出願する場合があるからです。

登録後、商標権は10年間権利が存続します（同法19条）。登録日から10年になる期日の６か月前から更新申請が可能となり、商標権の更新申請をすることにより、更に10年間、権利を存続させることができます（同法20条）。なお、更新には更新登録料の納付が必要です（同法40条）。一旦登録された場合は、更新料を納付し続けることにより、半永久的に権利が存続します。

次に、商標登録の一連の流れを示します。

図３　商標権の取得手続

商標登録出願に関する事務系統

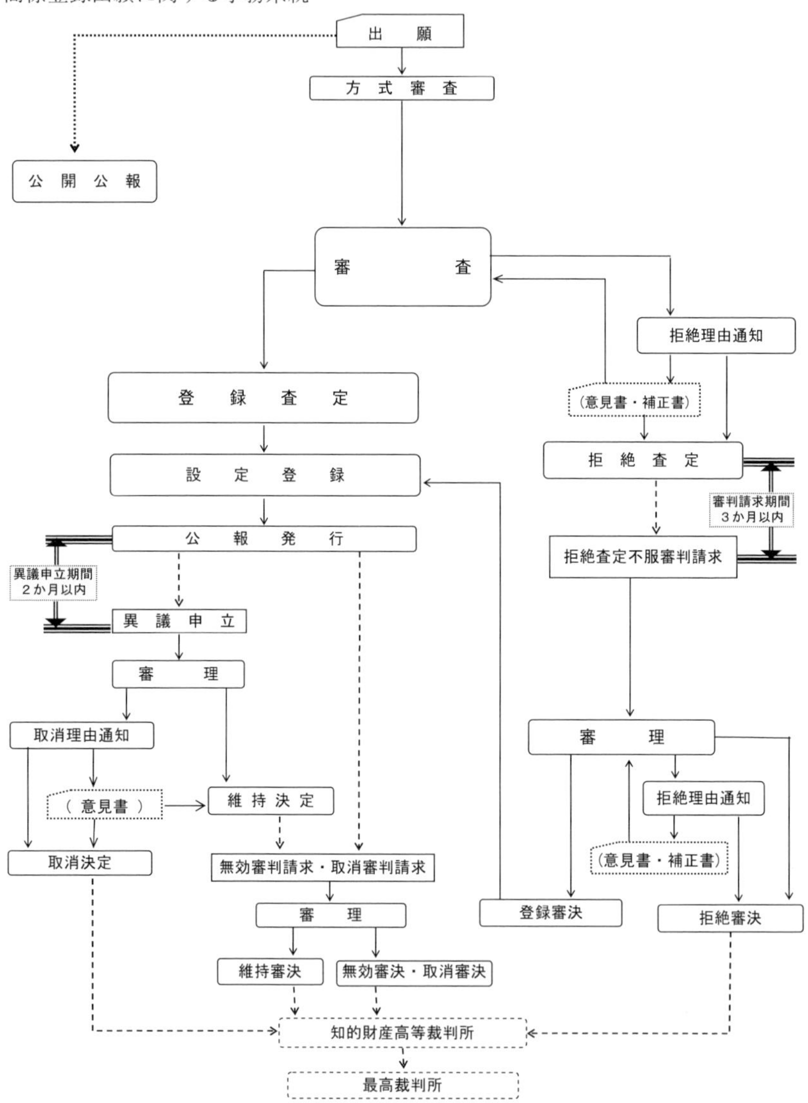

出典：特許庁ウェブサイト
(https://www.jpo.go.jp/resources/report/nenji/2023/document/index/040310.pdf)

⑶　商標登録要件

商標権を取得するためには、所定の登録要件をすべて満たす必要があります。登録要件のうち、「自他商品・役務の識別力」（商標法３条１項各号）と「先登録商標と同一又は類似」（同法４条１項11号）の要件が特に重要です。

⑷　自他商品・役務の識別力

商標は、自己の商品やサービスを他人の商品やサービスと識別する標識であることをその本質とします。そのため、自己と他人を識別できない表示は、自他商品・役務の識別力がないものであり、登録の対象ではありません。自他商品・役務の識別力がない表示は、誰もがその使用を欲するものであり、一私人に独占させてしまうと市場が混乱してしまうからです。自他商品・役務の識別力は商標の登録要件の一つです。

商標法では、自他商品・役務の識別力のない類型を列挙しています（商標法３条１項各号）。これらの類型に該当する商標は、登録要件を具備しないものとして拒絶されます。

①商品又は役務の普通名称のみからなる商標（１号） ②商品又は役務についての慣用商標（２号） ③商品又は役務の品質を記述的に表示する商標（３号） ④ありふれた氏又は名称のみからなる商標（４号） ⑤極めて簡単で、ありふれた商標（５号） ⑥上記の他、その出所を認識することができない商標（６号）

①商品やサービスの普通名称のみからなる商標

普通名称とは、取引において商品やサービスの一般的な名称として認識されているものを指します。例えば、「いちご」という商品について「いちご」

という商標は、普通名称となり、登録することができません。また、普通名称には、その商品の略称や俗称も含まれます。

普通名称であったとしても、デザイン文字等を使用し特殊な態様で表されているものは登録の対象となりますが、デザイン全体に権利があるという解釈になります。

②商品やサービスについての慣用商標

慣用商標とは、同種類の商品やサービスの同業者間で普通に使用された結果、出所表示機能が失われたものを指します。例えば、「正宗」(清酒)、「羽二重餅」(餅菓子)等です。

③商品やサービスの品質を記述的に表示する商標

品質の記述的表示とは、商品については、商品の産地、販売地、品質、原材料、効能、用途、数量、形状、価格、生産方法、生産時期、使用方法、使用時期等を直接的に表示する場合を指します。また、サービスについては、サービスの提供の場所、質、提供の際に利用する物、効能、用途、数量、態様、価格、提供方法、提供時期を直接的に表示する場合です。

例えば、日本やアメリカ等の国家名、東京やニューヨーク等の有名な行政区画名や地理的表示、信濃や琉球といった旧国名、銀座といった繁華街名は、商品の産地や販売地又はサービスの提供場所として登録することができません。

商品の品質等を間接的・暗示的に表示しているものは商標登録の対象となり、記述的表示であっても、デザイン文字等を使用し特殊な態様で表されているものは商標登録の対象となります。

④ありふれた氏又は名称のみからなる商標

ありふれた氏又は名称とは、同種のものが多数存在するものから構成される商標を指します。例えば、「鈴木」や「佐藤」という苗字は、ありふれた氏のため、商標登録することができません。また、「○○株式会社」、「○○有限会社」等の法人名の場合、「○○」がありふれた氏、業種名、有名な地理的表示の場合は、ありふれた名称として商標登録されません。

ありふれた氏又は名称であったとしても、デザイン文字等を使用し特殊な態様で表されているものは登録の対象となります。

⑤極めて簡単で、ありふれた商標

仮名文字１文字、輪郭として用いられる△、□、○等の図形、球・立方体・直方体等の立体的形状、ローマ字１文字又は２文字、数字から構成される商標を指します。

ローマ字については、３文字から商標登録の対象となります。ローマ字２文字であっても、モノグラムのように図案化したものは商標登録の対象となります。

⑥その出所を認識することができない商標

標語やキャッチフレーズ、企業理念や経営方針、広告宣伝を表す語等は、商品等の出所が認識できないため、商標登録できません。

(5)　先登録商標と同一又は類似

自己の使用する商標と同一又は類似の商標について、既に他人が商標権を取得していた場合は、その商標は登録することはできません。商標権は独占排他的な権利であり、商標権は登録商標と同一又類似の商標に商標権の効力が及ぶからです。そのため、先登録商標と同一又は類似の商標であるかどうかは登録要件となっています（商標法４条１項11号）。

登録商標と同一又は類似であるかどうかは、商標の外観構成、その構成から生ずる称呼及び観念について、似ているかどうかで判断するのが原則です。

仮に商標登録出願が拒絶された場合、自他商品・役務の識別力と先登録商標と同一又は類似とでは、その後出願商標の使用可否に影響を与えます。

識別力なしとして拒絶された場合は、その商標について独占することはできませんが、使用することは可能です。一方、先登録商標と同一又は類似として拒絶された場合は、もはや出願商標を使用することはできず、仮に使用すれば先登録商標に係る商標権の侵害を構成し、差止請求や損害賠償請求の対象となります。

(6) 商標権者の義務

商標権の範囲には専用権と禁止権とから構成されます。専用権とは登録商標と同一の商標の範囲であり（商標法25条）、禁止権とは登録商標と類似する商標の範囲です（同法37条）。

商標権の効力は、登録商標と同一又は類似の商標に及びますが、商標権の権利範囲は登録商標と同一の商標のみであり、類似商標の範囲にまで権利が存在するものではありません。専用権の範囲を実効あらしめるため禁止権の範囲を定めたにすぎず、禁止権の範囲は他人が使用できないため、商標権者は事実上使用できるにすぎないのです。

商標登録後、商標権者には登録商標と同一の商標、専用権の範囲で商標を使用する義務が生じます。商標は、使用すればするほど価値が向上するとされている。そのため、商標権者に一定の使用義務を課しているのです。

商標権者が使用義務を怠った場合は、その登録商標は第三者の請求により取り消される可能性が生じます。継続して３年以上日本国内で登録商標を使用していない場合は、不使用取消審判により事後的に取り消される可能性があります（同法50条）。そのため、商標登録を行う商標は現実に使用する商標であることが望ましいのです。

(7) 地域団体商標

近年、地域の農林水産品等の特産品をブランド化して地域活性化につなげようとする取組みが活発に行われています。ブランド化された地域特産品は地域ブランドと呼ばれています。地域ブランドは、例えば、栃木いちご、栃木和牛、宇都宮餃子、佐野ラーメン等のように地域名と商品の普通名称が組み合わされた商標を採用するのが特徴です。

この地域名と商品の普通名称を組み合わせた商標は、商標の本質的機能である識別力が欠如しているため、地域ブランドについては、従来、商標登録ができませんでした。しかし、近年の地域ブランドへの期待が高まり、平成17年に地域団体商標制度が創設されました。これにより、地域ブランドについては一般商標の例外として商標登録が可能になりました（商標法7条の2）。

地域団体商標制度は、例外的に商標登録を認めるものであるため、登録要件が一般商標とは異なります。

①事業協同組合その他の特別の法律により設立された組合（法人格あり、組合員の自由加入脱退可）であること ②組合等の構成員に使用させる商標であること ③地域名称と商品の普通名称の組み合わせた商標であること ④出願商標が出願時点で周知性を有すること ⑤地域名と商品名とが密接な関連性を有すること ⑥その他通常の登録要件を具備すること

①事業協同組合その他の特別の法律により設立された組合（法人格あり、組合員の自由加入脱退可）であること

この登録要件は、地域団体商標の出願人に主体的要件を定めており、出願人が「組合等」に該当する法人として登記されていること、「組合等」の設立根拠法において、不当に構成員たる資格を有する者の加入を制限してはならない旨の規定が定められていることから要件を具備するかどうか判断されます。

なお、平成26年法改正により、地域ブランドの普及の担い手となっている商工会、商工会議所及びNPO法人を商標法の地域団体商標制度の登録主体に追加され、地域ブランドの更なる普及・展開を図ろうとしています。

②組合等の構成員に使用させる商標であること

地域団体商標出願に係る商標が団体のみによって使用されており、団体の構成員に使用させないことを前提とする場合は、商標登録を受けることができません。

③地域名称と商品の普通名称の組み合わせた商標であること

地域名称には、現在の行政区画単位の地名の他、旧地名、旧国名、河川名、山岳名、海域名等も含まれます。また、商品「絹織物」「帯」について、「織」「紬」の名称や商品「茶碗」「湯飲み」について、「焼」の名称等の慣用的な表示の組み合わせ、「天然あゆ」「完熟トマト」等といった商品に慣用的に付される「天然」や「完熟」といった表示、「本場」「特産」「名産」等の産地に慣用的に付されている表示との組み合わせも認められています。ただし、「特選」「元祖」「本家」、「特級」「高級」等のように商品に慣用的に用いられる表示であっても、産地との結びつきがない表示との組み合わせは認められていません。

④出願商標が出願時点で周知性を有すること

地域団体商標については、本来識別力のない商標を例外的に登録が認められるものですので、その商標は識別力を獲得していなければなりません。すなわち、その商標が使用された結果、自己の業務に係る商品等を表示するものとして需要者の間に広く認識されていることが必要です（周知性の獲得）。

周知性は、商品又は役務の種類、需要者層、取引の実情等の個別事情によって判断されますが、広く認識されている範囲は、全国的な需要者の間に認識されていなくとも、一定範囲の需要者、例えば、隣接都道府県に及ぶ程度の需要者に認識されていれば認められます。

周知性は、出願人が提出する資料によって判断されます。具体的には、新聞、雑誌、書籍等の記事、公的機関等の証明書、パンフレット、カタログ、内部規則、納入伝票、注文伝票等の各種伝票類等の資料を提出します。

⑤地域名と商品名とが密接な関連性を有すること

密接な関連性は、例えば、農産物については当該商品が生産された地域、海産物については当該商品が水揚げ又は漁獲された地域、工芸品については当該商品の主要な生産工程が行われた地域のような地域と商品の関連性が認められています。

⑥その他通常の登録要件を具備すること

地域団体商標であっても、登録後は通常の商標権と同様の効力が生じるため、上記登録要件の他、一般商標が具備すべき登録要件を満たす必要があります。

４．海外展開・輸出

⑴　営業秘密

農林水産品の輸出入、海外拠点をつくり現地で生産し販売するといった海外展開を行う上でも知的財産の取扱いが重要になります。

生産者が保有する知的財産を適切に管理していない場合は、知的財産の海外流出リスクが高まります。例えば、生産者が保有するノウハウによって高品質な産品を生産可能としている場合、そのノウハウは不正競争防止法に規定する「営業秘密」として管理することが必要です。

不正競争防止法における「営業秘密」とは、「秘密として管理されている生産方法、販売方法その他の事業活動に有用な技術上又は営業上の情報であって、公然と知られていないもの」と定義されています（同法２条６項）。営業秘密に該当するためには、次の要件を具備しなければなりません。

①秘密管理性
②有用性
③非公知性

①秘密管理性

秘密管理性とは、秘密として管理されているという状態にあることです。秘密管理性を具備するためには、その保有者が主観的に秘密にしておくという意思があるだけでは足らず、客観的に秘密として管理されている状態が必要です。例えば、情報にアクセスできる者が制限されているというアクセス制限の存在、情報にアクセスした者にその情報が営業秘密であることが認識できるようになっているという客観的認識可能性の存在が必要です。アクセス制限の存在とは、その情報にパスワードをかけることや鍵付の書庫に保管しておくような場合です。客観的認識可能性の存在は、例えば、その情報が丸秘扱いになっている場合です。仮にパスワードがかかっている情報だとしても、そのパスワードが誰もが知っている場合はアクセス制限の存在が否定されることになります。

②有用性

有用性とは、商品の開発、生産、販売に役立つ等、事業活動にとって有用であることを意味します。具体的には、ある製品の設計図、製造方法、製法、顧客名簿、マニュアル、仕入先リスト等は有用性が認められる情報であり、主観的ではなく客観性を必要とします。

③非公知性

非公知性とは、その情報が公然と知られていないという状態であり、その情報の保有者以外の者が一般的に入手することができない場合です。仮に情報の保有者以外の者がその情報の内容を知っていたとしても、守秘義務が課せられていれば、非公知性が認められます。生産者のノウハウ等は、不正競争防止法の営業秘密に該当するよう厳格に管理することが重要です。仮に従業者等により情報を持ち出されたとしても、営業秘密に該当する限り、不正競争防止法の保護の対象となり、差止請求や損害賠償請求が可能です。もっとも、一旦外部へ持ち出された場合は、もはや営業秘密といえませんので、持ち出されないように管理すべきことは言うまでもありません。

⑵　海外における知的財産の取扱い

知的財産に関する法律は、属地主義の下、その国にしか適用されないので、国ごとに知的財産に関する法律が制定され、その取扱いも異なっています。

海外展開や輸出を行う場合は、事業を行う国の知的財産法や権利の有無を確認する必要があります。このような確認なしに安易に輸出を行うと、輸出先の権利者から差止請求や損害賠償請求を受ける事態に陥るため、事業そのものがストップするリスクが高まります。このような状態を回避するためには、輸出先の国において知的財産権を取得するのが望ましいのです。

例えば、日本の農林水産品のブランドネームが中国で第三者に取得されていた事件は多く報道されています。このような状況により、輸出を断念した生産者も少なくありません。

海外における知的財産の取扱いは、国ごとが原則ですが、一定の例外もあります。例えば、EU 加盟国については、その国の法律があると同時に、EU 加盟国全体の取り決めもあります。また、中国の領域である香港やマカオは、中国の法律が適用されず、独自の取扱いを定めています。

海外展開を考える場合は、まずジェトロへアクセスして事業を行う国の状況を確認すべきです。

巻末資料1

農業の基本専門用語集

他産業同様に農業にもその産業に携わっている人でなければ分からないが、携わっている人にとっては当たり前の基本用語があります。本文には出ていない、または本文での説明だけでは分かりにくい基本専門用語をいくつかピックアップしました。

区分	用語	
農地関係	**耕作者主義**	昭和27年に制定された農地法では耕作者が農地を自ら所有することを最適とする「自作農主義」でしたが、昭和45年の改正により緩和され、農地を適正かつ効率的に耕作する者に農地の権利取得を認めるという、耕作者主義の原則がとられています。
	農業委員会（委員）・都道府県農業会議・全国農業会議所	**農業委員会** 農地法に基づく売買・貸借の許可、農地転用案件への意見具申、遊休農地の調査・指導などを中心に農地に関する事務を執行する行政委員会として、農業委員会等に関する法律（以下「農業委員会法」という）に基づき市町村に設置されています。原則として、全市区町村に設置することとされていますが、農地の少ない48市区町村では設置されていません（設置している市区町村数1693）。 **都道府県農業会議** 農業委員会等に関する法律により設置された機関で、各市区町村農業委員会長等を会議員として構成し、農地法などの法令等による事項を行うほか、農業及び農民に関する意見の公表や、行政庁の諮問に応じて答申すること、農業及び農民に関する情報提供・調査・研究を行うこと、農業委員会の委員の研修等を行うこと、農業委員会に対し助言その他の協力を行うことなどを業務としています。 **全国農業会議所** 農業委員会等に関する法律により設置された機関で、各都道府県農業会議等を会員とし、農業及び農民に関する

農地関係		意見の公表や、行政庁の諮問に応じて答申すること、農業及び農民に関する情報提供・調査・研究を行うこと、都道府県農業会議の行う業務に対して指導等を行うことなどを業務としています。
	農業用施設用地（農用施設）	**農業用施設用地への転用** 農業経営基盤強化促進法に基づく利用権設定等促進事業においては、「農業用施設用地」に限定して農用地の転用を認めています（農地法第４条、第５条の手続不用）。
	耕作放棄地・遊休農地	**耕作放棄地** 以前耕地であったもので、過去１年間以上作物を栽培せず、この数年の間に再び耕作するはっきりとした考えのない土地をいいます。 **遊休農地** 農業委員会が毎年１回農地の利用状況を調査した結果、１年以上耕作されておらず、かつ、今後も耕作される見込みがない農地や、周辺地域の農地と比較して、利用の程度が著しく劣っている状態の農地と認めたものを遊休農地といい、当該農地の農業上の利用の増進を図るため必要な指導をすることとしています。
	生産緑地	市街化区域内の500㎡以上の農地や公園などで、市町村等の行政により生産緑地の指定を受けた土地をいいます。
	田畑売買価格	耕作を目的とした農地価格などの動向を把握するとともに、農業経営規模拡大などを目的とした農地流動化対策等農政の基本資料とするため、全国農業会議所が作成した調査票により市町村農業委員会が調査し、都道府県農業会議が調査結果について取りまとめています。 集計方法は、都市計画法および農業振興地域の整備に関する法律による線引き区域別に集計します。
	農業投資価格	恒久的に耕作等の用に供される土地として取引が行われた場合に、通常成立する価格として各国税局が決定した価格です。10アール単位の価格で表示します。
	自作地・小作地(借地)・賃貸料情報	**自作地** 耕作の事業を行う者が所有権に基づいてその事業に供されている農地のことです。 **小作地** 所有権以外の権原（賃借権、永小作権等）に基づいて、耕作の事業に供されている農地のことです。

		賃借料情報 農業委員会は、農地法52条に基づき、地域ごとの賃借料の動向（平均額、最高額、最低額）を収集し、「賃借料情報」として提供します。
	農業で使われる面積単位	１a＝100㎡≒１畝(せ) 10畝＝１反(たん) 10反＝１町(ちょう) １ha＝100a≒１町 *反、町は反歩（たんぶ）、町歩（ちょうぶ）とも言われます。
担い手関係	**農業**	耕作、養畜又は養蚕の業務（これに付随する業務を含む）をいいます（農業協同組合法２条３項）。
	農業者	農民又は農業を営む法人（その常時使用する従業員の数が300人を超え、かつ、その資本金の額又は出資の総額が３億円を超える法人を除く）をいいます（農業協同組合法２条１項）。
	農家	経営耕地面積が10アール以上の農業を行う世帯又は過去１年間における農産物販売金額が15万円以上の規模の農業を行う世帯をいいます。
	新規就農者・新規参入者	**新規就農者** 次の３者を新規就農者としています。 **新規自営農業就農者** 農家世帯員で、調査期日前１年間の生活の主な状態が、「学生」から「自営農業への従事が主」になった者及び「他に雇われて勤務が主」から「自営農業への従事が主」になった者をいいます。 **新規雇用就農者** 調査期日前１年間に新たに法人等に常雇い（年間７か月以上）として雇用されることにより、農業に従事することとなった者（外国人研修生及び外国人技能実習生並びに雇用される直前の就業状態が農業従事者であった場合を除く）をいいます。 **新規参入者** 調査期日前１年間に土地や資金を独自に調達（相続・贈与等により親の農地を譲り受けた場合を除く）し、新たに農業経営を開始した経営の責任者をいいます。
		青年等就農計画制度 新たに農業を始める方が作成する青年等就農計画を市町

担い手関係	認定新規就農者	村が認定し、これらの認定を受けた新規就農者に対して重点的に支援措置を講じようとするものです。 ※これまで「青年等の就農促進のための資金の貸付け等に関する特別措置法」に基づき都道府県が認定する制度でしたが、平成26年度途中から、「農業経営基盤強化促進法」に基づく新制度になります。 対象者は、新たに農業経営を営もうとする青年等で、以下に当てはまる方です。 1．青年（原則18歳以上45歳未満） 2．特定の知識・技能を有する中高年齢者（65歳未満） 3．上記の者が役員の過半数を占める法人 ※農業経営を開始して一定の期間（5年）を経過しない者を含みます。 ※認定農業者は含みません。
	認定農業者	農業経営基盤強化促進法の規定に基づき、都道府県の作成した基本方針、市町村の農業経営基盤強化のための基本構想に基づく「農業経営改善計画」を市町村に提出し、認定を受けた農業者（法人を含む）をいいます。
	農事組合法人	農業協同組合法（昭和22年法律第132号）に基づき、農業生産についての協業を図ることにより、共同の利益を増進することを目的として設立された法人をいいます。
	（指導）農業士	優れた農業経営を行いつつ農村青少年の育成に指導的役割を果たしている農業者で、知事が認定したものをいいます。
就農支援	新規就農相談センター	全国及び都道府県に設置されている新規就農に関する相談窓口で、青年農業者等育成センター及び農業会議組織が運営するものの総称です。新規就農希望者に対する農地の確保に関する情報等といった新規就農関連情報や、就農相談活動、就農セミナー等を業務として行っています。
	普及指導員・普及指導センター	**普及指導員** 農業改良助長法（昭和23年法律第165号）により、都道府県が配置する職員で、次に掲げる事務を行います。 1　試験研究機関、市町村、農業に関する団体、教育機関等と密接な連絡を保ち、専門の事項又は普及指導活動の技術及び方法についての調査研究 2　巡回指導、相談、農場展示、講習会の開催その他の手段により、直接農業者に接して、農業生産方式の合理化その他農業経営の改善又は農村生活の改善に関する科学的技術及び知識の普及指導 **普及指導センター**

	農地改良助長法により、各都道府県に設置された機関で、次に掲げる事務を行います。 １　普及指導員が行う事務により得られた知見の集約、その他農業経営及び農村生活の改善に関する科学的技術及び知識の普及指導を総合するための活動 ２　農業者に対し農業経営又は農村生活の改善に関する情報の提供 ３　新規就農を促進するための情報の提供、相談その他の活動
就農準備校・農業大学校	**就農準備校** 既存の民間研修機関等を活用して開設され、将来農業をやってみたい、農村に住んでみたいなどの希望を抱いている者が、農業についての基本的な知識や技術を学べる学校をいいます。 **農業大学校** 農業改良助長法に規定される農業者研修教育施設で、41道府県で条例に基づき設置されたものをいいます。高校卒業者を対象として２年間講義と実習を組み合わせ実践的な研修教育を行う養成課程、養成課程の卒業者等を対象として高度な研修教育を行う研究課程及び新規就農者や農業者を対象に経営の発展段階に対応した多様な研修を行う研修課程があります。
就農支援資金	**青年等就農資金** 新たに就農しようとする青年等又は該当青年等をその営む農業に就業させようとする者に対して、無利子で貸し付ける以下の資金をいいます。 **１　就農研修資金** 農業大学校などの研修教育施設、国内外の先進農家などでの研修に必要な資金 **２　就農準備資金** 住居の移転、資格の取得、就農先の調査など就農にあたっての事前の準備に必要な資金 **３　就農施設等資金** 農業経営を開始する際の施設の設置、機械の購入などに必要な資金

	農業近代化資金	農協等の民間金融機関が融資する最も一般的な長期資金（機械、施設、長期運転資金など）をいいます。
	農業信用保証協会（制度）	**農業信用保証制度** 農業信用保証保険法に基づき、農業者等が融資機関から経営の改善に必要な資金を借り入れる際に、都道府県農業信用基金協会が、借入債務を保証することによって農業者等の信用力を補完し、借り入れを容易にしています。 独立行政法人農林漁業信用基金は、この農業信用基金協会が行う債務保証について保険を行い、信用保証のリスクを引き受け、農業信用基金協会の保証能力の増強と保証活動の推進を図るほか、農林中央金庫等が行う融資について直接保険引受する融資保険業務を行います。 **都道府県農業信用基金協会** 農業信用保証保険法に基づき、農業者等に対する債務保証を行っている法人で、各都道府県に設置されています。
関連制度	契約指定野菜安定供給制度・野菜生産出荷安定法・野菜指定産地	**指定野菜** 野菜生産出荷安定法（昭和41年法律第103号）第２条に規定する「消費量が相対的に多く又は多くなることが見込まれる野菜であって、その種類、通常の出荷時期等により政令で定める種別に属するもの」をいい、令和６年現在では次の野菜（14品目）が指定野菜と定められています。 (ア) だいこん（春だいこん、夏だいこん、秋冬だいこん)、(イ) にんじん（春夏にんじん、秋にんじん、冬にんじん)、(ウ) ばれいしょ、(エ) さといも（秋冬さといも)、(オ) はくさい（春はくさい、夏はくさい、秋冬はくさい)、(カ) キャベツ（春キャベツ、夏秋キャベツ、冬キャベツ)、(キ) ほうれんそう、(ク) レタス（春レタス、夏秋レタス、冬レタス)、(ケ) ねぎ（春ねぎ、夏ねぎ、秋冬ねぎ)、(コ) たまねぎ、(サ) きゅうり（冬春きゅうり、夏秋きゅうり)、(シ) なす（冬春なす、夏秋なす)、(ス) トマト（冬春トマト、夏秋トマト)、(セ) ピーマン（冬春ピーマン、夏秋ピーマン） **野菜指定産地** 野菜生産出荷安定法第４条の規定に基づき農林水産大臣が指定し告示した産地をいいます。
		農業経営基盤強化促進法では、効率的かつ安定的な農業経営を育成し、これらの農業経営が農業生産の相当部分

	農業経営基盤強化促進法・基本構想	を担うような農業構造を確立するために、育成すべき農業経営の目標を明確化し、その目標に向けて農業経営の改善を計画的に進めようとする農業者に対する農用地の利用集積、これらの農業者の経営管理の合理化その他の農業経営の基盤の強化を促進するための措置を講じることとしています。 **基本構想** 市町村長が、効率的かつ安定的な農業経営の育成を目的として、各種目標の明確化及びその実現のために取るべき措置等を示したものです。 基本構想で示された農業経営の目標に向けて農業経営の改善を計画的に進めようとする農業者が作成した農業経営改善計画を、市町村長に地域の担い手として認定された農業者が「認定農業者」です。
経理・納税関係	圧縮記帳	固定資産の取得価額から交付された国庫補助金等を減額して記帳する方法で、将来にわたり課税を繰り延べる効果があります。
	育成原価	農産物では、収穫までの栽培等のために要した費用の累計で、原材料、労務費、減価償却費などの製造経費も含まれます。
	納税猶予制度・特例農地等	農業相続人が農地等を相続した場合、制度の適用により本来納付すべき税額を繰り延べる制度があります。この納税猶予の特例を受けた農地等を特例農地といいます。
	農業相続人	被相続人の相続人で、相続税の申告期限までに農業経営を開始し、その後も引き続き農業経営を行うと認められる人や同申告期限までに特定貸付けを行った人などをいいます。
		主業農家 農業所得が主（農家所得の50パーセント以上が農業所得）で1年間に60日以上自営農業に従事している65歳未満の世帯員がいる農家 **準主業農家** 農外所得が主（農家所得の50パーセント未満が農業所得）で1年間に60日以上自営農業に従事している65歳未満の世帯員がいる農家 **副業的農家** 1年間に60日以上自営農業に従事している65歳未満の

関連用語	専業農家・兼業農家・主業農家・準主業農家・副業的農家	世帯員がいない農家（主業農家、準主業農家以外の農家） **専業農家** 世帯員の中に兼業従事者（調査期日前1年間に30日以上雇用兼業に従事した者又は調査期日前1年間に販売金額が15万円以上ある自営兼業に従事した者）が1人もいない農家 **兼業農家** 世帯員の中に兼業従事者が1人以上いる農家 **第1種兼業農家** 農業所得を主とする兼業農家 **第2種兼業農家** 農業所得を従とする兼業農家
農業生産	ほ場(圃場)	作物を栽培する田畑、農園のことです。
	田畑	田：かんがい施設があり、水をためる必要のある作物を栽培することを常態とする耕地。かんがい施設の無い、天水田（てんすいでん）も田としています。 畑：田以外の耕地で、普通畑以外に樹園地及び採草放牧地を含みます。
	地力・土壌改良(資材)	**地力** 地力増進法により、「土壌の性質に由来する農地の生産力」をいいます。 **土壌改良資材** 「植物の栄養に供すること又は植物の栽培に資するため土壌に化学的変化をもたらすことと併せて土壌に化学的変化以外の変化をもたらすことを目的として土地に施される物」をいいます（地力増進法11条）。 よく使われる資材としては、酸度の調整のための石灰質資材等があります。
	輪作	一定期間において、種類の異なる作物を順番に栽培することです。 毎年同じ作物をつくることによる土壌伝染性病害や雑草の発生抑制、収量の低下を防ぐことなどを目的に行われます。

畦畔	耕地の一部にあって、主として本地（直接農作物の栽培に供せられる耕地）の維持に必要なものをいいます。いわゆる畦（あぜ）のことで、田の場合、たん水設備となります。
水利権	特定目的（かんがい、上水道、工業用水等）のために、河川などの水を排他的・継続的に利用できる権利のことをいいます。
特別栽培農産物・有機農業	**特別栽培農産物** 農林水産省の「特別栽培農産物に係る表示ガイドライン」により、規定された農産物です。 化学合成された農薬及び肥料の使用を低減することを基本として、土壌の性質に由来する農地の生産力を発揮させるとともに、農業生産に由来する環境への負荷をできる限り低減した栽培方法を採用して生産するという原則に基づくとともに、次の１及び２の要件を満たす栽培方法により生産された農産物をいいます。 １　当該農産物の生産過程等における節減対象農薬の使用回数が、慣行レベルの５割以下であること。 ２　当該農産物の生産過程等において使用される化学肥料の窒素成分量が、慣行レベルの５割以下であること。 **有機農業** 有機農業の推進に関する法律により、「化学的に合成された肥料及び農薬を使用しないこと並びに遺伝子組換え技術を利用しないことを基本として、農業生産に由来する環境への負荷をできる限り低減した農業生産の方法を用いて行われる農業」のことです。
環境保全型農業	「環境保全型農業の基本的考え方」（平成６年４月農林水産省環境保全型農業推進本部）によれば、「農業の持つ物質循環機能を生かし、生産性との調和に留意しつつ、土づくり等を通じて、化学肥料、農薬の使用等による環境負荷の軽減に配慮した持続的な農業」と定義されています。
農薬安全使用基準・登録農薬	**農薬安全使用基準** 農薬取締法に基づき、農薬の安全かつ適正な使用を確保するために必要があると認めたときに、農薬の種類ごとに、その使用の時期、方法等について農薬を使用する者が守るべき基準を定めたものです。 **登録農薬**

農業生産		農薬取締法第３条に基づき、農林水産大臣により登録された農薬です。登録されていない農薬は製造・加工・輸入ができません。
	有害鳥獣	生活環境、農林水産業又は生態系に係る被害をもたらす鳥獣のことをいいます。 中山間地等においては、農業生産の中止につながる事態も多く起こってきています。
	生物多様性	様々な生物が相互の関係を保ちながら、本来の生息環境の中で繁殖を続けている状態を保全することです。
	共同選果・共選共販	**共同選果** 生産農家が、収穫した農産物を選果場に持ち寄り、大きさや外観・品質等により選別することをいいます。 **共選共販** 共同で選果するとともに、販売を共同で行うことです。
	系統出荷・集出荷団体	**系統出荷** 農産物の出荷のうち、農協を通した出荷をいいます。 **集出荷団体** 取扱数量の多少にかかわらず、選別、包装、荷造り、輸送、代金計算等の全部又は一部を共同で行う団体であって、総合農協、専門農協等のような出荷調整能力を有する団体をいいます。
	市場・卸売市場法・卸売業者	**青果物卸売市場** 卸売業者が生産者若しくは集出荷団体等から販売の委託を受け、又は買い付けを行い、仲卸業者・小売業者等に対し「せり」、「入札」又は「相対」の方法で建値を行って売りさばくための場立ちの行われる場所であって、これらの市場行為の行われる場所をいいます。卸売市場法に基づき、地方公共団体が農林水産大臣の認可を受けて開設している中央卸売市場と、中央卸売市場の開設区域外における地方卸売市場があります。 **卸売業者** 生産者、集出荷団体若しくは集出荷業者から販売の委託を受け又は買い付けを行い、青果物の卸売業務を行う法人又は個人をいいます。
	（予約）相対取引・契約取引	**相対** 売り手と買い手の話し合いにより販売物の数量・価格等を取り決めて販売する形態をいいます。

	販売手数料	出荷運送料、集荷団体手数料（全農等の上部団体手数料を含む）、市場手数料等の合計額です。農林水産省統計では、共済掛金等の諸負担金や選果場の使用料等を含め、これらを販売額から控除した金額を生産者受取収入としています。
	出荷規格	出荷する青果物の等級・重量・数量についての基準をいいます。青果物の出荷規格を統一し、これを普及することにより商品性の向上と取引の公正、円滑化を図るとともに、青果物のブランドを高め、農業経営の安定と向上に資することを目的として定めています。
	農業で使われる量目の単位(米作)	1俵（ひょう）= 60kg 1袋（たい）= 30kg ＊米の場合の単位比較です。小麦なども1俵 = 60kgですが、大麦は50kg、そばは45kgが1俵です。
	ＪＡＳ法・原産地表示	正式名称は「農林物資の規格化及び品質表示の適正化に関する法律」といいます。この法律は、飲食料品等が一定の品質や特別な生産方法で作られていることを保証する「JAS規格制度（任意の制度）」と、原材料、原産地など品質に関する一定の表示を義務付ける「食品表示基準」からなっています。 平成29年9月に食品表示基準が改正・施行され、国内で作られたすべての加工食品に対して、原料原産地表示を行うことが義務付けられました。
	トレーサビリティ	食品がどのようにつくられ加工されたかなど、生産、流通過程の情報を追跡する仕組みのことをいいます。

巻末資料2

経営収支表の農業経営関係用語

（単位：千円）

<table>
<tr><td colspan="3"></td><td>具体的な勘定科目、説明</td><td></td></tr>
<tr><td colspan="3">農業粗収入</td><td rowspan="6">◆農業粗収入
農産物等の販売収入、現物外部取引額、農作業受託収入等の収入を計上します（統計等では、農業粗収入に農業生産物家計消費額等を加えた「農業粗収益」を用います）。経営安定対策等の補塡金・助成金については農業雑収入に、販売価格の一部として交付される助成金等については当該農産物の販売収入として、それぞれ計上します。</td><td>65,750</td></tr>
<tr><td rowspan="7"></td><td>和牛肥育牛（例）</td><td>売上高</td><td>50,000</td></tr>
<tr><td>水稲（例）</td><td>売上高</td><td>5,400</td></tr>
<tr><td>アスパラガス（例）</td><td>売上高</td><td>9,500</td></tr>
<tr><td></td><td></td><td></td></tr>
<tr><td></td><td></td><td></td></tr>
<tr><td colspan="2">農作業受託収入</td><td>受託した農作業に対する賃金など</td><td>100</td></tr>
<tr><td colspan="2">その他（交付金等）</td><td>農業用生産手段の一時的賃借料など</td><td>750</td></tr>
<tr><td colspan="3">農業経営費</td><td>◆農業経営費
農業粗収入を上げるために要した資材や料金の一切の費用を計上します。</td><td>55,255</td></tr>
<tr><td rowspan="8"></td><td colspan="2">原材料費</td><td>種苗、肥料、農薬、光熱動力その他の諸材料費等</td><td>46,400</td></tr>
<tr><td colspan="2">施設・機械費</td><td></td><td>3,905</td></tr>
<tr><td></td><td>うち減価償却費</td><td></td><td>3,550</td></tr>
<tr><td colspan="2">出荷販売経費</td><td>出荷手数料、販売促進費等</td><td>2,350</td></tr>
<tr><td colspan="2">雇用労賃</td><td>常雇、臨時雇用人などの労賃</td><td>750</td></tr>
<tr><td colspan="2">支払利息</td><td></td><td>50</td></tr>
<tr><td colspan="2">支払地代</td><td></td><td>600</td></tr>
<tr><td colspan="2">その他</td><td>農業経営上の費用で、他の経費に当てはまらないもの（例：農業共済掛金）</td><td>1,200</td></tr>
</table>

農業所得	◆農業所得 農業所得＝農業粗収入－農業経営費 ※農業については家族経営を基本としてきたことから、利潤に農業生産に用いた家族労働費、自己資本利子、自作地地代を加えた農業所得を主に用います。	10,495
農外所得	（事業収入、給与、受取小作料、受取利息等）－農外支出	500
年金被贈等	年金など	0
農家総所得	農業所得＋農外所得＋年金被贈等	10,995

事 項 索 引

[は]

[ま]

[や]

[ら]

[わ]

第２版　法律から見た農業支援の実務
農地の確保・利用から、農地所有適格法人設立、
６次産業化支援まで

2014年11月28日　初版発行
2024年６月27日　第２版発行

編著者　髙　橋　宏　治
発行者　和　田　　　裕

発行所　日本加除出版株式会社
本　　社　〒171－8516
東京都豊島区南長崎３丁目16番６号

組版・印刷　㈱亨有堂印刷所　　製本　牧製本印刷㈱

定価はカバー等に表示してあります。
落丁本・乱丁本は当社にてお取替えいたします。
お問合せの他、ご意見・感想等がございましたら、下記までお知らせください。

〒171-8516
東京都豊島区南長崎３丁目16番６号
日本加除出版株式会社　営業企画課
電話　03-3953-5642
FAX　03-3953-2061
e-mail　toiawase@kajo.co.jp
URL　www.kajo.co.jp

ISBN978-4-8178-4942-7